• NHK스페셜 화제의 다큐멘터리 •

내 아이의 눈이 위험하다

Original Japanese title:
KODOMO NO ME GA ABUNAI
"CHO KINSHI JIDAI" NI SHIRYOKU O DO MAMORU KA

· NHK스페셜 화제의 다큐멘터리 ·

내 아이의 눈이 위험하다

오이시 히로토 · NHK스페셜 취재팀 지음
장수현 옮김

시크릿하우스

들어가며

초 근시 시대,
왜 우리는 아이의 근시를
만만하게 봤을까?

'근시'라는 단어를 듣고 심각한 이미지를 떠올릴 사람이 과연 얼마나 있을까? 얼마 전까지만 해도 '근시(가까운 데 있는 것은 잘 보아도 먼 데 있는 것은 선명하게 보지 못하는 시력-옮긴이)'라는 것에 대해 일반인들은 물론이고 전문가들조차 '안경이나 콘택트렌즈를 착용하여 시력을 교정하면 일상생활에 아무런 지장이 없으며, 그 이상의 조치는 불필요하다(혹은 불가능하다)'고 여겼다. 하지만 최근 들어 그러한 인식이 잘못되었다는 사실이 속속 밝혀지고 있다.

세계보건기구WHO는 보고서를 통해, 2050년에는 세계 인구의 약 절반에 해당하는 50억 명이 근시일 것이라는 연구기관의 추산을 인용하였다. 이와 더불어 실명에 이르는 사람의 수

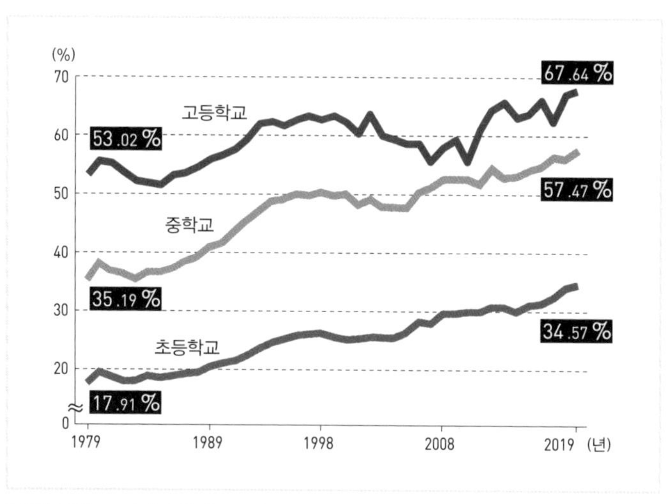

[자료] 시력 1.0 미만인 학생의 비율
초·중·고등학교 모두에서 기록 사상 최악의 수치를 보였다.
(출처: 일본 문부과학성 〈학교보건통계조사〉)

도 급격하게 증가할 가능성이 있다며, 이를 **'공중위생상의 위기'**라 경고한 바 있다.

일본도 예외는 아니다. 오히려 일본이 속해있는 동아시아는 '근시가 가장 많은 지역'이다. 문부과학성이 시행하는 '학교보건통계조사'에서도 시력 1.0 미만인 아이들의 수가 지속적으로 증가하여, 2019년도에는 초·중·고등학교에서 조사를 개시한 이래 최악의 수치가 기록되기도 하였다. 멀리 있는 사물이 흐릿하게 보이고, 교정 없이는 가까운 거리밖에 볼 수 없는 사람들의 숫자가 우상향으로 증가하는, 말 그대로 '초근시 시대'가 도래한 것이다.

NHK 취재팀이 전문가와 협력하여 2020년에 일본 초등학생 약 600명을 대상으로 독자적으로 시행한 시력 조사에서도 **전체 학생의 과반수가, 그리고 6학년에서는 거의 80퍼센트에 가까운 아이들이 근시 문제를 가지고 있다**는 실태가 드러났다. 요즘 아이들의 눈에 도대체 무슨 일이 일어나고 있는 것일까? 우리는 취재를 진행하며 놀랄 만한 사실들을 알게 되었다.

우선, 근시인 아이들의 눈은 안구의 길이(안쪽의 깊이)가 늘어나 있다는 사실이다. 안구는 일단 한번 늘어나면 다시 원래대로 돌아가지 못한다. 이렇게 안구가 늘어나 버리면 백내장이나 녹내장 등 여러 합병증의 위험이 커진다. 근시가 아주 심하게 진행된 일부 환자들은 눈의 기능이 현저히 저하됨에 따라 눈의 합병증뿐만 아니라 우울증 등 의외의 질환에도 노출된다는 사실이 보고되기 시작하였다.

이렇게 근시의 위험성이 제기되는 한편으로, 근시의 예방과 치료에 효과적인 대응책 또한 잇따라 밝혀지고 있다. 전 세계의 연구자들이 이 위기에 대처할 수 있는 방법을 연구하여 좋은 성과를 거두고 있는 것이다. 보다 구체적으로 말하자면, **'근시의 진행을 억제하는 새로운 치료법'**과 **'생활습관의 변화를 통한 근시 예방법'**이 그것이다.

근시는 그간 유전이니 어쩔 수 없다고 인식되어 온 측면도 있다. 그러나 근시를 유발하는 원인도, 그에 따른 대책도 우리의 일상생활 속에 숨어있다는 것이 연구 결과로부터 속속 증명되고 있다.

또한 아이들은 물론, 이미 근시가 진행된 성인들에게도 효과적인 방법이 있다. 그것은 바로 자신에게 꼭 맞는 안경이나 콘택트렌즈를 선택하는 것이다. 그 구체적인 방법에 대해서는 5장에서 상세히 소개할 것이다.

4만 명이 넘는 환자의 눈을 진료해 온 안과 전문의를 취재하는 과정에서, 그간의 진료 경험상 자신의 눈에 맞지 않는 안경이나 콘택트렌즈를 착용하는 사람이 무려 80~90퍼센트에 달한다는 충격적인 이야기를 들었다. 잘못된 시력교정으로 인해 눈의 초점이 잘 안 맞거나 눈이 화끈거리고 아픈 증상뿐 아니라 두통이나 어깨 결림, 현기증 등의 안정피로眼睛疲勞(정상적인 사람보다 빨리 눈의 피로를 느끼는 상태-옮긴이)로 이어지는 사람이 매우 많다는 것이다.

더욱이 아이들의 경우에는 잘못된 시력교정이 안정피로뿐만 아니라 근시가 진행될 위험을 크게 높인다는 사실 또한 밝혀져 있다.

눈이라는 기관이 우리 모두에게 무엇보다 가깝고 중요하여 관심도가 높기 때문인지, 유독 눈 건강과 근시 분야는 잘못된 상식이 세간에 만연해 있는 듯하다. 반면 최근의 연구들로부터 밝혀진, 우리에게 유익한 새로운 상식과 대처법은 아직 충분히 대중 속에 스며들었다고 말하기 힘들다. 우선은 독자들이 그것을 알아가는 데서 시작했으면 좋겠다. 그것이 지금의 '초 근시 시대' 속에서 내 아이와 나의 눈을 지킬 수 있는 튼튼한 발판이 되어줄 것이다.

이 책은 NHK스페셜 〈우리의 눈이 위험하다: 초 근시 시대 서바이벌〉 및 클로즈업현대 플러스 〈근시의 상식이 바뀐다!〉 등의 방송 프로그램을 책으로 엮은 것이다. TV 방송분에는 담지 못했던 해설과 취재 결과 등을 대폭 추가하였다.

방송 프로그램 제작에 있어 도쿄의과치과대학의 오노 교코 씨와 가지타안과 원장 가지타 마사요시 씨께서 수차례 인터뷰에 응해 주셨으며 촬영에도 흔쾌히 동참해 주셨다. 또한 이 책의 출판을 위해 의학적 내용에 대한 감수를 맡아 주었다. 많은 도움을 주신 두 분께 깊은 감사의 말씀을 드린다.

들어가며 _ 초 근시 시대, 왜 우리는 아이의 근시를 만만하게 봤을까? 004

1장 당신이 몰랐던 눈에 대한 상식

—— ① 근시는 안경이나 콘택트렌즈만 착용하면 된다? 018
—— ② 근시는 유전이므로 예방할 수 없다? 020
—— ③ 근시 인구가 빠르게 증가하고 있는 이유 021
—— ④ 내게 맞는 안경과 콘택트렌즈를 선택하는 방법 023
—— ⑤ 라식수술은 근시의 해결책이 될 수 있을까? 024
—— ⑥ 시력을 되돌리는 것이 가능할까? 026
—— ⑦ 진짜로 효과 있는 근시 대책은? 028
—— ⑧ 이미 근시가 진행된 성인에게도 방법이 있을까? 030
—— ⑨ 집안에서 일이나 공부를 할 때 조심해야 할 것 032
—— ⑩ 블루라이트 차단 기능은 정말 효과가 있을까? 034

2장 내 아이의 눈에 무슨 일이 일어나고 있나

—— 갑자기 시력이 뚝 떨어진 아이들 044
—— 사상 최악의 시력 저하에는 이유가 있다 046
—— 초등학교 4학년 아이의 하루는 어떨까? 048
—— 아이는 먼 곳과 가까운 곳을 번갈아 본다 052
—— 아이의 눈은 학교보다 집에서 나빠진다 054

— 근시 위험을 높이는 조건 058
— 코로나19 이후 근시가 증가한 이유 059
— 아이들 눈의 정밀 검사를 통해 밝혀진 사실 062
— 안축장은 한번 늘어나면 절대 줄어들지 않는다 064
— 40년 전에 비해 빠르게 늘어난 안축장의 길이 070
— 초등학교 6학년의 80퍼센트가 근시다 072
— 근시 대책, 정확한 실태 파악이 먼저다 074
— 근시 아동은 지금도 늘어나고 있다 078

3장 합병증에서 우울증까지, 근시는 왜 위험한가

— 안압이 정상이어도 실명까지 갈 수 있다 084
— 안질환의 위험도가 증가한다 087
— 합병증 위험이 높은 강도근시 091
— 눈이 병들면 마음도 병든다 093
— 눈의 기능 저하는 만병의 근원 094
— 근시 증가는 국가적 위기다 096

4장 내 아이를 위한 눈 생활습관

— 근시의 진행을 억제하는 안약의 발견 102
— 저농도 아트로핀의 효과 107

—— 드림렌즈, 가장 확실한 치료법 108
—— 혁신적인 신기술의 DIMS렌즈 112
—— 세계에서 유일하게 근시 아동이 감소한 대만 114
—— 과학 수업을 야외에서 하는 이유 115
—— 야외활동과 근시의 상관관계 117
—— 야외활동을 통해 근시를 줄일 수 있는 이유 121
—— 1,000럭스의 빛과 2시간 123
—— 흐린 날, 나무 그늘 아래도 괜찮다 126
—— 정부 차원의 근시 대책이 필요하다 129
—— 과학으로 극복하는 초 근시 시대 132
—— 생활 속에서 실천할 수 있는 좋은 습관들 133
—— 큰 화면으로 보기 135
—— 20·20·20 법칙 실천하기 138
—— 근시는 눈의 생활습관병이다 140
—— 우리 가족의 상황에 맞게 실천하라 144
—— 성인 근시도 방법이 있을까? 146

5장 과교정이 아이의 근시를 악화시킨다

—— 안경과 콘택트렌즈의 올바른 선택법이 중요하다 156
—— 안 맞는 안경 체크리스트 159
—— 안경 하나로 아이의 인생이 바뀐다 161
—— 70퍼센트 이상이 과교정 상태 164

—— 비대면, 원격 근무 확대의 영향 165
—— 과교정된 안경을 쓸 때 눈에 일어나는 일 167
—— 노안이나 원시여도 눈 근육에 부담이 간다 172
—— 안경은 반드시 처방전을 받아 제작하라 174
—— '잘 보이는 도수'에서 '눈이 편한 도수'로 176
—— '내 눈에 가장 편한 안경'의 기준은? 181
—— 현재까지 개발된 다양한 렌즈의 기능 185
—— 안경을 맞출 때 반드시 해야 할 4가지 193
—— 무엇이 과교정을 초래하는가 198
—— 시력에 대한 맹신을 버리자 200

맺으며 _ 지금 바로 눈에 좋은 생활습관을 실천하라 204
주 208
참고문헌과 방송 프로그램 214

1

당신이 몰랐던 눈에 대한 상식

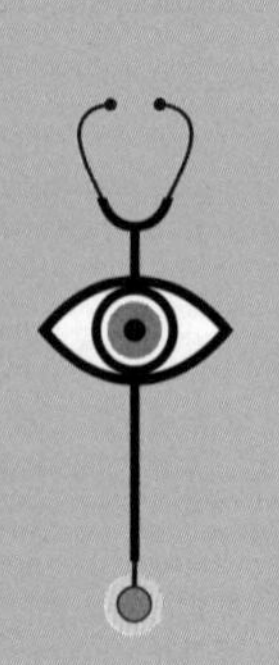

본론으로 들어가기에 앞서 이 책을 읽는 방법에 대해 간단히 설명하고자 한다. 이 책은 반드시 처음부터 차례대로 읽을 필요는 없으며, 독자 여러분의 지식과 각자가 안고 있는 눈에 대한 고민에 따라 궁금한 항목부터 펼쳐 읽을 수 있도록 만들었다. 책을 읽는 독자들이 다양한 의문점들에 대한 답을 찾을 수 있도록, 가능한 한 최신의 연구 데이터를 이용하여 알기 쉽게 풀어서 설명하고자 한다.

본 장에서는 책의 내용을 보다 잘 이해하기 위한 이정표로서 NHK스페셜 〈우리의 눈이 위험하다〉 다큐멘터리 취재 당시와 방송 이후에 방송 스태프나 취재처, 시청자들로부터 받았던 수많은 질문들에 대한 답을 간단명료하게 정리하였다.

질문들에 대한 답과 함께 각각의 항목에 대해 상세히 설명되어 있는 장을 표기해 두었으니, 어디서부터 펼쳐 읽어야 할지 참고하며 읽어보시길 바란다.

① 근시는 안경이나 콘택트렌즈만 착용하면 된다?
→ 2장, 3장

이전까지는 대다수의 눈 전문가들조차도 '근시는 안경이나 콘택트렌즈 등으로 교정하면 아무 문제될 것이 없다'고 여겨왔다. 그러나 최근 들어 근시의 원인과 근시로 인한 위험성이 속속 밝혀지고 있다. 시력이 저하되어 사물이 잘 안 보이는 증상은 근시가 불러오는 결과 중 하나일 뿐이며, 그 밖에도 다양하고 매우 심각한 영향이 있을 수 있다는 사실이 드러나고 있는 것이다.

전문가와의 인터뷰 중 필자의 인상에 강렬하게 남았던 것은 **"눈은 만병의 근원"**이라는 말이었다. 근시를 시작으로 눈의 기능이 점차 저하되면 실명에까지 이를 수 있는 위험도가 증가할 뿐만 아니라 우울증 등과 같은, 언뜻 생각하면 눈과 그다지 상관이 없어 보이는 질병의 위험까지 증가하여 이후의 삶을 송두리째 바꿔놓는 것이다.

방송 프로그램에 게스트로 출연했던 개그맨 이오 가즈키 씨도 오랫동안 안경을 착용해 왔다고 했다. 녹화가 끝날 때 이오 씨가 "그동안 근시를 너무 만만하게 봤다"고 했었는데, 이 한마디가 바로 우리 취재팀 모두의 솔직한 심정이었다.

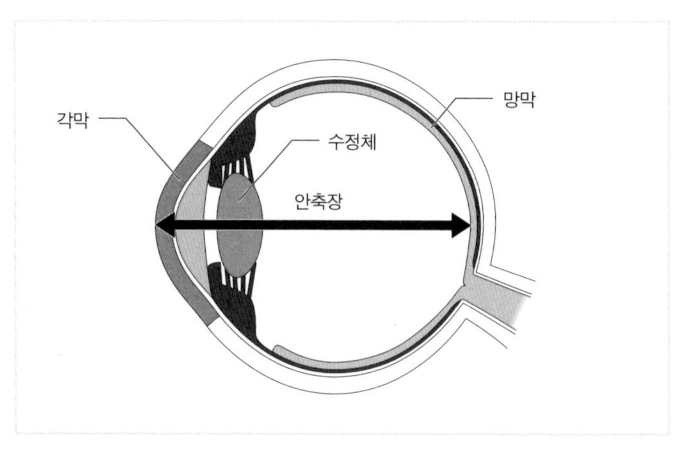

[자료 1-1] 안축장
각막에서 망막에 이르는 눈의 안쪽 길이. 이전까지의 조사를 통해서는 전혀 파악되지 않았던 항목이다.

안경이나 콘택트렌즈로 시력을 보정할 수는 있다. 하지만 말 그대로 어디까지나 현 시점에서의 시력을 기구를 통해 보완하는 것뿐이며, 이는 근본적인 근시의 해결이 되어주진 못한다. 근시의 주된 요인인 '안축장眼軸長(안구의 안쪽 길이)의 늘어남'을 막기 위한 대책이 필요하다.

이러한 눈의 변화, 즉 안축장이 늘어난 정도를 기존의 정부 조사를 통해서는 전혀 파악할 수 없었다. 그러나 최근 근시 청소년의 수가 급격히 증가함에 따라 일본 정부도 마침내 안축장이 늘어나는 것에 대한 대규모 조사에 착수하였다.

따라서 2장에서는 근시로 인해 지금 우리 아이들의 눈에 무슨 일이 일어나고 있는지를 프로그램 자체 조사 결과를 바탕으로 밝혀보려 한다. 또한 3장에서는 그러한 눈의 변화가 건강에 어떠한 영향을 미칠 수 있는지를 알아본다.

② 근시는 유전이므로 예방할 수 없다?
→ 4장, 5장

필자의 부모님 두 분 모두 근시이며 필자 역시 근시다. 그래서 솔직하게 말하면 취재를 시작하기 전까지는 '근시는 유전이니까 딱히 방법이 없다'고 알고 있었다. 하지만 우리가 취재했던 호주의 근시 연구자는 이렇게 말했다.

"근시를 억제할 수 있는 방법은 과학적으로 입증되었으며, 이미 치료법도 존재하고 있습니다. 지금 당장 시작할 수 있는 것들이에요. 심지어 돈이 들지도 않습니다. 그런데도 왜 다들 안 하냐고요? 그러한 연구 성과들이 아직 제대로 알려지지 않았기 때문이죠."

정식 논문으로 발표되어 이미 전문가들 사이에서는 상식으로 자리 잡은 내용임에도 불구하고, 대다수의 일반인들은 아직 제대로 모르기 때문에 그냥 체념하고 사는 것이 현재 상황이라는 것이다. 그리고 이 연구자의 말에 따르면 **근시는 유전적인 요인보다 환경적인 요인이 더 강하게 작용한다는 연구 결과가 있다**고 한다.

세계에서 인정받은 지금 바로 시작할 수 있는 근시 치료 대책에 대해서는 4장에서, 근시의 진행을 막기 위한 내 눈에 꼭 맞는 안경과 콘택트렌즈 맞추는 법은 5장에서 각각 설명한다.

③ 근시 인구가 빠르게 증가하고 있는 이유 → 2장, 4장

근시 인구는 지난 50여 년 사이에 급격하게 증가했다. 이것이 과연 단순한 우연일까? 물론 아니다.

우선 이 '50년'이라는 기간이 큰 단서 중 하나다. 이것은 유전적 요인으로는 결코 설명할 수 없는 속도이다. 유전의 경우에는 100년 이상의 주기로 세대가 바뀔 때마다 완만하게 변화가 일어난다. 그렇다면 도대체 무엇이 근시를 증가시키고 있는 것일까? 원인은 바로 우리의 라이프 스타일의 극적인 변화이다.

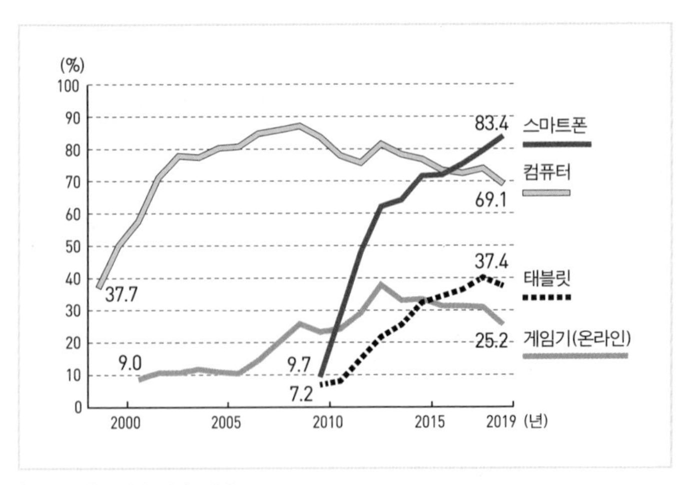

[자료 1-2] IT기기 세대보유율
(출처: 일본 총무성 〈정보통신백서〉)

그중에서도 특히 주목해야 할 것은 다양한 디지털 기기의 보급이다. 스마트폰과 컴퓨터, 태블릿, 휴대용 게임기 등이 그것이다. 이들 대부분이 이제는 우리의 일상생활에 없어서는 안 될 존재로 자리 잡았다. 총무성의 조사에 따르면 2010년의 스마트폰 세대보유율은 9.7퍼센트였으나, 단 9년 만인 2019년의 조사에서는 83.4퍼센트로 가파르게 증가하였다.

이 책의 중요한 키워드 중 하나인 '눈과 사물 사이의 거리'가 시대의 흐름에 따라 급속하게 가까워지고 있다. 신종 코로나바이러스 감염증의 확산에 따른 외출 자제 및 원격 근무의 증가 또한 세계적으로 심각한 문제가 되고 있으며, 이는 근시 인구 증가의 큰 원인 중 하나라 여겨지고 있다.

그래서 우리는 오늘날 일상 속에서 사물을 가까이 보는 작업을 어느 정도 하고 있는지, 또한 그것이 우리 눈에 어떠한 영향을 미치고 있는지를 2장에서 살펴볼 것이다. 또한 외국에서 시행되고 있는 최신의 근시 대책에 대해서는 4장에서 다루고자 한다.

④ 내게 맞는 안경과 콘택트렌즈를 선택하는 방법 → 5장

필자 역시 취재를 시작하기 전에는 전혀 생각지도 못했던 것이, "안경이나 콘택트렌즈를 선택할 때 자신의 시력을 기준으로 맞춘다는 생각에서 벗어나야 한다"는 전문가의 말이었다. 그렇다면 도대체 시력 말고 무엇을 기준으로 해야 한단 말인가? 어리둥절해하는 필자에게 전문가가 명쾌한 답을 내려 주었다.

"먼 곳까지 또렷하게 잘 보이는 것을 기준으로 하지 말고, **내 눈에 '편하게 보이는' 것을 기준으로 안경이나 콘택트렌즈의**

도수를 처방받아야 합니다."

중학생 시절부터 쭉 안경과 함께해 온 필자였지만, 살면서 처음으로 듣는 말들의 연속이라 큰 충격을 받았다. 실제로 그 말을 듣고 새로 처방받아 제작한 안경으로 바꾸었더니 극적으로 눈이 편안해지는 것을 느꼈다. TV 프로그램을 제작하는 일은 프로그램의 구성과 대본 작성에서 영상 편집에 이르기까지, 모니터 화면을 가까이 보며 진행하는 작업이 대부분이다. 그런 의미에서 이 책의 바탕이 된 TV 프로그램을 무사히 완성하여 방송으로 내보낼 수 있었던 데에는 새로 맞춘 안경의 공이 크다고 말할 수 있겠다.

또한 맞지 않는 안경으로 인해 근시가 진행될 위험을 낮추는 방법에 대해서도 연구가 계속되고 있다. 그렇다면 내 눈에 맞는 안경은 어떻게 선택해야 할까? 이에 대해서는 조금 특별한 실험을 통해 5장에서 소개하도록 한다.

⑤ 라식수술은 근시의 해결책이 될 수 있을까?
→ 5장

라식LASIK이란 안구의 표면에 있는 각막의 일부를 레이저로

절제·제거한 뒤 그 굴절 형태를 바꾸어주는 시력 교정 수술이다. 근시인 사람이 안경이나 콘택트렌즈를 착용하지 않고서도 나안裸眼(안경을 쓰지 않은 상태의 눈-옮긴이)으로 생활할 수 있을 만큼 시력을 올려준다는 장점이 있다. 수술 후 잘 보인다는 점에서는 근시의 해결책이라 말할 수 있을 것이다.

하지만 주의해야 할 것은, 많은 이들의 근시 원인으로 꼽히는 '안구의 늘어남' 자체를 라식수술이 원래대로 되돌려주지는 못한다는 사실이다. 이는 다시 말해, 안축장이 늘어나서 발생하는 여러 합병증의 위험을 라식수술로 낮추는 것은 불가능하다는 뜻이다.

또한 보통 사람보다 쉽게 눈의 피로를 느끼는 안정피로의 관점에서 생각하면, '얼마큼의 거리를 부담 없이 볼 수 있게 해야 할지'가 매우 중요해진다. 시력 1.0 혹은 1.2와 같은 수치적인 기준에 맞추게 되면 먼 곳까지 또렷하게 잘 보이기는 하겠지만, 책상에 앉아 일이나 공부를 할 때나 스마트폰을 볼 때와 같은 상황에서는 눈에 부담이 갈 가능성이 있다.

라식수술은 일단 한번 시술하면 눈에 부담 없이 볼 수 있는 거리를 쉽게 바꿀 수가 없다. 그렇기 때문에 노안이 진행되면 결국 어쩔 수 없이 안경(돋보기)을 착용해야 하는, 주객이

전도된 상황에 몰리는 경우도 적지 않다.

게다가 라식수술은 수술 후의 합병증 발병 위험도 있어, 일본 소비자청이 2013년 "수술을 받을 때에는 그 위험에 대해 의료기관으로부터 충분한 설명을 듣고 이를 완전히 이해한 상태에서 수술이 정말로 필요한지를 신중히 검토해야 한다"는 성명을 발표하기도 하였다.[1]

잘못된 시력 교정에 의해 근시의 위험이 증가하는 이유와 안정피로가 유발되는 원리 등에 대해서는 5장에서 상세히 다룬다. 아울러 자신에게 꼭 맞는 안경 및 콘택트렌즈 선택법에 대해서도 5장에서 설명한다.

⑥ 시력을 되돌리는 것이 가능할까?
→ 2장, 3장

앞서 예로 든 라식수술과 같이 시력 자체를 개선하는, 즉 나안인 상태에서도 먼 곳이 잘 보이도록 만드는 것은 가능하다. 또한 렌즈 역할을 하는 수정체의 조절을 담당하는 근육이 긴장하여 먼 곳이 잘 안 보이는 상태(가성근시)라면 점안액 등을 사용하여 일시적으로 완화할 수도 있다.

그러나 많은 이들이 바라는 만성 근시의 해결, 다시 말해 늘어난 안구 자체를 회복시켜 원래대로 되돌리는 것은 현재로선 불가능하다고 한다. '눈이 좋아진다'던가 '근시가 치료된다'고 주장하는 상품이나 서비스를 선택할 때는 그것이 구체적으로 어떠한 효과를 가리키는 것인지, 또 그 근거가 무엇인지 주의 깊게 확인할 필요가 있다.

근시를 개선하기 위한 조치를 취했음에도 불구하고 계속 근시가 진행되는 경우도 많다. 최근 과학적으로 효과가 입증된 근시 진행 억제 방법이 잇따라 발견되고 있는 것은 사실이다. 그러나 이 방법들은 근시의 진행을 완전히 멈추는 것이 아니라 어디까지나 억제하는 대책일 뿐이다.

특히 신체가 성장하면서 안구도 함께 커지며 그에 따라 안축장도 늘어나는 나이인 초등학생부터 고등학생 청소년들의 경우, 이러한 조치를 취해도 근시가 그대로 진행되는 경우가 많다. '안경을 쓰면 눈이 더 나빠진다'는 세간의 속설은, 근시가 진행되기 시작하는 시기와 안경을 착용하기 시작하는 시기가 보통은 맞물리게 되기 때문에 이후에 근시가 진행되어 눈이 나빠졌을 때 애먼 안경이 의심을 사면서 생겨난 말인 듯하다.

3장에서도 다루겠지만, 안축장은 늘어나면 늘어날수록 합병증의 발병 위험이 높아진다. 다양한 조치들을 통해 그 진행을 억제하는 것이 대단히 중요하다는 것을 반드시 기억하길 바란다.

예를 들어, 적절한 도수의 안경으로 안축장이 늘어나는 것의 진행을 억제해 준다면 아무 조치도 취하지 않았을 때에 비해 최종적으로 도달하는 근시의 정도가 경감될 가능성이 매우 크다. 그러므로 이 책을 읽는 독자들은 근시의 진행을 완전히 멈출 수 없다고 해서 근시 대책이 아무런 의미가 없다고 생각하지 말고, 다양한 방법으로 계속 시도하고 노력했으면 좋겠다.

⑦ 진짜로 효과 있는 근시 대책은?

→ 4장, 5장

세간에 넘쳐나는 눈 건강과 근시 관련 정보들 중 과연 과학적으로 효과가 확인된 것들은 얼마나 될까? 현재 근시의 발병 및 진행을 예방할 수 있는 대책으로는 다음으로 열거하는 것들만이 확실한 과학적 근거를 가지고 있는 정도다.

- 하루 2시간 이상 낮 시간에 바깥에 머문다.
- 눈과 사물과의 거리를 30센티미터 이상 유지한다.
- 30센티미터 이내로 보는 작업을 할 때는 20분마다 한 번씩, 20초간 먼 곳을 바라보며 휴식을 취한다.
- 도수가 너무 높은 안경이나 콘택트렌즈를 사용하고 있다면 적당한 도수로 교체한다.
- 안과의와의 상담을 통해 저농도 아트로핀 점안액이나 각막 굴절 교정술(일명 드림렌즈) 등 효과가 입증된 치료 방법을 검토해본다(4장에서 상세히 설명).

이것들은 모두 연구 성과로부터 도출된 근시 대책이다. 과학적 근거에는 여러 단계의 레벨이 있는데, 앞에 열거한 항목들은 모두가 일정 레벨 이상의 확실한 연구 성과를 얻어낸 것들이라 할 수 있다.

반면에 우리가 흔히 말하는 '어두운 데서 책을 읽으면 안 된다', '방 조명은 밝게 하는 게 좋다', '안경을 쓰면 오히려 눈이 빨리 나빠진다', '블루베리나 눈 영양제를 섭취하면 눈이 좋아진다'와 같은 속설이나, 세간에 유행하는 '시력 회복 트레이닝' 등은 지금으로선 근본적인 근시 치료 대책, 즉 안축장이 늘어나는 것을 억제하거나 되돌릴 수 있는 대책이라고 말할 수 있는 과학적 근거가 밝혀지지 않은 것들이다.

이들 또한 향후 새로운 근거가 발견될 가능성은 있지만, 현재 상황에서 선택한다면 과학적으로 입증된 방법을 시도해 볼 것을 권한다. 현재 세계에서 진행되고 있는 근시 치료법 연구들에 대해서는 4장에서 자세히 살펴볼 것이다. 안경과 콘택트렌즈 고르는 방법은 5장을 참고하길 바란다.

⑧ 이미 근시가 진행된 성인에게도 방법이 있을까?
→ 3장, 4장, 5장

필자 또한 성인 근시 당사자이기 때문에 '이미 근시가 된 어른들에게 적용할 수 있는 치료법도 있을까?' 하는 궁금증을 안고서 취재에 임했다. 하지만 애석하게도 성인 근시의 실태 및 대책에 관한 연구 사례가 극히 드물며 세계적으로도 관련 데이터가 거의 없는 것이 지금의 현실이다.

이 책에서 소개하는 근시의 발병 및 진행 예방 대책은 거의 다 아이들 대상의 연구로부터 밝혀진 내용들이다. 성인은 근시가 계속 진행될 확률이 아이들에 비해 높지 않고, 진행 속도 또한 더뎌서 검증하기가 까다롭기 때문일 것이다. 하지만 그렇다고 해서 아이들을 대상으로 한 근시 치료 대책이 어른들에게는 효과가 없다고 결론 난 것은 아니다.

어른이 되고 나서 근시가 진행되는 성인 근시 발병 사례들이 최근 증가하고 있어, 성인 근시를 위한 대책 또한 중요해지고 있다. 때문에 아이들을 통해 밝혀진 근시 대책을 알아두면 성인에게도 반드시 도움이 될 것이라고 전문가들은 말한다. 어른과 아이의 눈의 구조가 동일한 이상, 효과의 크고 작음은 있을지언정 똑같은 기대를 걸어볼 수 있다는 것이다.

또 한 가지 중요한 것은 **근시가 불러올 수 있는 합병증의 위험을 파악하는 일**이다. 근시는 한번 진행되면 이전 상태로 되돌리기란 힘들다고 봐야 한다. 반면에 합병증은 조기에 발견하면 치료 방법의 선택지가 늘어나고, 보다 높은 치료 효과를 기대할 수 있다. 이미 근시가 진행된 어른들이 다시 시력을 회복하는 것은 어렵다고 해도, 근시로 인해 초래될 소위 '2차 피해'에 대비하는 것은 가능하다는 말이다.

우리가 꼭 알아두어야 할 근시 합병증의 위험에 대해서는 3장에서, 아이들 대상의 연구에서 효과가 입증된 근시 대책에 대해서는 4장에서 다룬다. 또한 안정피로의 예방 및 치료 대책을 포함하는 안경과 콘택트렌즈의 선택 방법에 대해서는 5장에서 살펴본다.

⑨ 집안에서 일이나 공부를 할 때 조심해야 할 것 → 4장, 5장

현재 필자는 이 글을 집에서 쓰고 있다. 마찬가지로 독자 여러분들 또한 자택에서 일을 해야 하는 상황이 최근 많아졌을 것이라 생각한다. 자신이 아래의 항목들에 해당되지 않는지 생각해 보자.

- 스마트폰, 신문, 책 등을 눈에서 멀리 떨어뜨려 읽게 되었다.
- 저녁 시간이 되면 주변의 여러 사물들이 잘 안 보이는 느낌이 든다.
- 글자를 읽을 때나 눈 가까이서 하는 작업을 할 때 집중이 잘 안 된다.
- 눈 안쪽이 아프다.
- 어깨결림이나 두통이 전보다 심해졌다.
- 이전보다 글씨를 크게 쓰게 되었다.

만약 이중에 하나라도 해당되는 것이 있다면, 지금 여러분의 눈은 비명을 지르고 있는 것이다. 눈에 맞지 않는 안경이나 콘택트렌즈에 의해 눈의 어떤 부분에 피로가 축적되어 기능을 저하시키고 있을 가능성이 크다. 아이들을 대상으로 한 연구에서는 맞지 않는 안경으로 인해 아이들이 근시가 진행될 위험이 있음이 밝혀졌다. 또한 어른들에게는 안정피로로 직결되기도 한다.

초 근시 시대를 살아가는 우리들에게 안정피로는 아주 가까이에 도사리고 있는 위험이다. 이를 피해 갈 대책은 없는 것일까? 만약 독자 여러분이나 여러분 자녀의 눈에 지금도 근시가 진행 중이라면 ⑦에서 열거한 항목들은 모두 시도해 볼 가치가 있다. 각각의 항목을 일상생활 속에서 실천해 나가기 위한 방법을 4장에서 전문가들이 상세히 설명하였다.

초 근시 시대를 맞이한 오늘날, 눈과 사물 간의 거리는 점차 가까워지게 되었다. 가까운 거리의 사물을 장시간 보게 되면서 안축장이 계속 늘어날 뿐만 아니라 안정피로에도 노출되기 쉬운 환경에 놓인 것이다. 우리 눈은 가까운 거리를 보기 위해 필사적으로 초점을 맞추고, 사물을 또렷하게 잘 보기 위해 매일 쉬지 않고 부지런히 일하고 있다. 하지만 그 대가로 열감이나 통증을 느끼기도 하고, 저녁이 되면 시야가 희미하고 뿌옇게 보이기도 하며, 심지어는 두통이나 어깨결림, 어지러움이나 구토감까지 생기기도 한다.

이러한 문제들을 해결해줄 수 있는 든든한 해결사가 바로 안경과 콘택트렌즈다. 내 눈에 딱 맞는 도수와 기능을 가진 안경을 착용함으로써 안정피로를 크게 줄여줄 수 있다. 물론 '딱 맞는다'의 기준은 앞서 말한 대로 시력이 아니라 내 눈이 가장 편한 상태이다.

5장에서는 실제로 안경과 렌즈를 선택하는 구체적인 방법과 사례에 대해 다루었는데, 취재했던 많은 이들에게서 "안경을 바꾸니 세상이 완전히 바뀐 것 같다"던가, "이제까지 안경 고르는 것을 너무 대수롭지 않게 여겼던 것 같다"는 이야기를 들었다. 독자 여러분도 이와 같은 기분을 느껴보셨으면 좋겠다.

⑩ 블루라이트 차단 기능은 정말 효과가 있을까? → 2장, 5장

2021년 3월, 한 기업이 도쿄 시부야 구 내의 모든 공립 초등학교와 중학교 학생들에게 블루라이트 차단 안경을 기증하겠다고 발표했다. 스마트폰의 보급 및 컴퓨터 프로그래밍 수업, 아동 및 청소년 1인당 1대의 컴퓨터를 배포하는 문부과학성의 '기가GIGA 스쿨 구상'에 대비한 것이었다.

이 뉴스를 듣고 여러분은 어떻게 느끼셨을지 궁금하다. 단순히 좋은 일이라고 생각한 이들도 많았을 것이다. 그러나 일본안과의회와 일본안과학회 등 눈 관련 학회에서는 차례로 이 발표에 대해 우려하는 성명을 발표했다.[2]

'블루라이트는 우리 눈에 해로운 건데, 도대체 왜?' 하는 의문이 들지도 모르겠다. 그런데 사실은 '블루라이트가 눈에 해롭다'는 어떠한 과학적 증거도 아직 확실히 밝혀진 바가 없다.

예컨대 2021년 2월에 발표된 한 논문을 보면, 블루라이트 차단 렌즈를 사용하여 컴퓨터 작업을 진행했을 때 안정피로가 경감되었는지의 여부를 검증하였다. 120명의 피험자가 자신이 쓰고 있는 안경이 블루라이트 차단 렌즈인지 일반 렌즈인지 알지 못하는 상태에서 2시간 동안 컴퓨터 작업을 하도록 하여 그 결과를 비교하는 연구였다. 안정피로를 느낀 정도를 비교한 결과, 블루라이트 차단 렌즈를 착용한 피험자와 일반 렌즈를 착용한 피험자 간에 차이를 보이지 않는다는 결론

이 도출되었다.[3]

해당 연구의 결과에 따라, 미국안과학회는 홈페이지에 다음과 같이 확실히 밝히고 있다.

"블루라이트 차단 렌즈는 디지털 작업에 의한 안정피로 증상을 개선하지 못할 가능성이 제기되었습니다. 따라서 블루라이트가 눈에 악영향을 끼친다는 과학적 근거가 충분하지 않기 때문에, 미국안과학회는 공식적으로 블루라이트 차단 렌즈를 권장하지 않습니다."

물론 앞으로 블루라이트가 눈에 악영향을 끼친다는 사실을 증명하는 연구가 등장할 가능성도 있다. 그러나 아무런 과학적인 근거가 없는 현 상황에서 블루라이트 차단 렌즈가 교육 기관에 배포된다는 결정에 안과의와 연구자들은 우려를 표한 것이다.

낮 시간대의 블루라이트까지 차단해 버림으로써 아이들의 눈에 생각지 못한 악영향이 생길 가능성 또한 없다고 단정할 수 없다.

미국안과학회는 또한 2018년에 블루라이트에 대한 해설을 홈페이지에 게재하여 참고할 수 있도록 하였는데, 이를 요약하면 다음과 같다.[4]

- 스마트폰 등의 화면에서 방출되는 블루라이트에 계속 노출된다 해도 실명 가능성이 있다고 생각하기는 힘들다.
- 블루라이트가 체내 시계를 교란시킨다는 과학적 근거는 존재한다.
- 취침 전에 디지털 장치의 사용을 제한하거나 블루라이트 차단을 설정하는 것은 권장될 수 있다.
- 블루라이트와는 상관없이, 액정 화면을 장시간 주시하면 눈을 깜박이는 횟수가 감소하거나 화면과 다른 거리에 있는 것을 볼 때 일시적으로 초점이 안 맞는 경우가 있다.
- 그 결과로 안정피로가 발생할 수도 있다.

블루라이트가 근시의 발병과 진행, 안정피로 등 눈에 직접적인 영향을 미치는 것은 아니며, 체내 시계와는 관계가 있다고 기술하고 있다. 그리고 안정피로와 근시를 일으키는 주된 원인은 블루라이트가 아니라 눈과 사물 간의 거리라는 사실 또한 지적하고 있다.

가까이 들여다보는 습관이 얼마나 근시와 안정피로에 치명적인지는 2장과 5장에서 상세히 설명하고 있다.

여기까지 읽은 내용만으로도 기존에 여러분이 눈에 대해 가지고 있던 생각과는 완전히 다른 사실들을 만날 수 있었으리라 생각한다.

눈을 통해 들어오는 정보는 우리 뇌가 받아들이는 모든 정보의 약 80퍼센트를 차지한다고 한다. 그런 까닭에 눈이 병들거나 피로하면 삶의 질이 떨어지고 당연히 일의 효율도 크게 떨어질 수밖에 없다. 그래서 아이들의 시력 저하는 늘 어른들의 커다란 근심거리다.

그러니 눈에 관한 수많은 정보들이 세간에 넘쳐나는 것이 어찌 보면 당연하다. 하지만 유감스럽게도 그 정보들 속에는 확실한 근거도 없이 떠도는 속설도 적지 않으며, 올바른 정보와 잘못된 속설이 한데 뒤섞여 매우 혼란스러운 상태다. 초근시 시대에 나와 내 아이들의 눈을 지키기 위해, 우리는 올바른 지식과 정보를 가려내어 배워야만 한다.

이때 중요해지는 것이 과학적 근거다. 물론 과학이 만능은 아니다. 하지만 과학은 우리가 일상에서 시도할 수 없는 크고 장기적인 규모의 검증과 현재까지 이루어진 연구들의 축적에 기반한 분석을 가능케 한다.

눈 건강과 근시, 안정피로에 관한 그간의 상식들이 근래 들어 크게 뒤집히고 있다. 다음 장부터 이어지는 상세한 설명을 통해, 우리 눈을 건강하게 지키기 위한 습관들을 익혀 나가길 바란다.

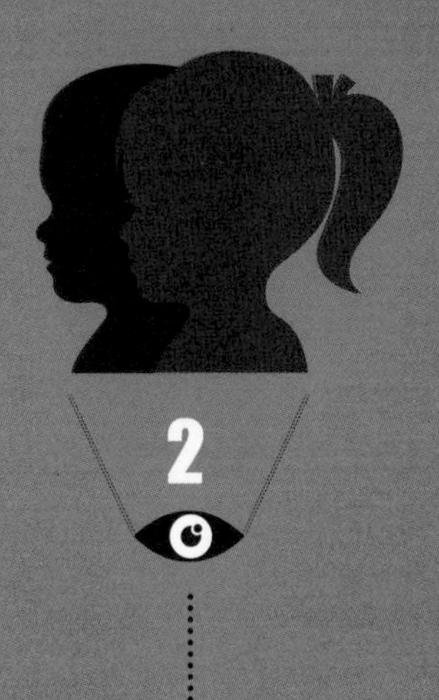

내 아이의 눈에 무슨 일이 일어나고 있나

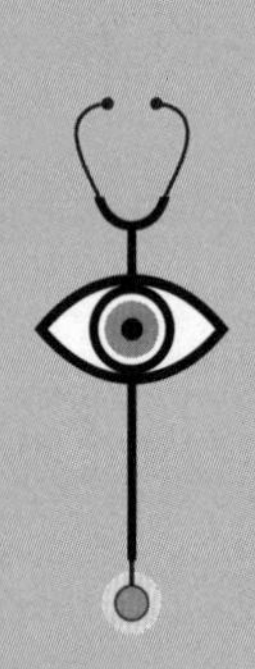

현재 전 세계에서 근시 인구가 급격히 증가하고 있다. 그리고 가장 뚜렷한 변화를 보이는 것이 아동·청소년 근시이다. 초등학생부터 고등학생까지의 시기는 신체의 성장과 함께 근시도 진행되는 경우가 많다. 그래서 이 시기에 진행되는 근시를 특정하여 '학동근시學童近視'라는 전문용어로 따로 칭할 정도다. 최근에 이러한 학동근시의 진행 속도가 '비정상'이라고 해야 할 정도로 빨라진 것이 확인되었다.

이러한 현상은 근시가 '안구 길이의 늘어남'에 의해 유발된다는 사실과도 깊은 관계가 있다. 오늘날 이렇게까지 근시가 급증하는 이유는 과연 무엇일까? 지금의 라이프 스타일은 우리 눈에 어떠한 영향을 주고 있을까? 그 해답을 찾기 위해 근시 연구의 최전선으로 함께 가보자.

갑자기 시력이 뚝 떨어진 아이들

"가장 걱정인 게 특히 아이들의 눈입니다. 제가 담당하는 학교에서도 코로나19 바이러스로 인한 휴교가 끝난 직후 시력 검사를 했더니, 아이들 눈이 많이 안 좋아져 있었어요. 환경의 변화가 아이들의 눈에 미치는 영향이 예상했던 것보다 매우 커서 놀랐습니다."

2020년 10월, 일본안과의회 상임이사(학교보건담당)인 가시이 마리코 씨에게 온라인 상으로 이야기를 들어보았다. 코로나19로 인한 외출 자제와 휴교가 아이들의 시력에 악영향을 미칠 가능성에 대해서는 코로나 초기부터 이미 지적되어 온 바였다. 하지만 구체적으로 어느 정도의 영향 이 있을지는 누구도 예측할 수 없었다.

그래서 온라인 인터뷰 후, 가시이 씨가 학교의를 맡고 있는 교토교육대학부속 교토초중학교를 방문하여 더 상세하게 이야기를 들어보기로 했다. 교토초중학교의 보건교사인 고니시 마오 씨가 학생들의 시력에 대해 보건실에서 자세한 이야기를 들려주었다.

고니시 씨는 취재가 진행되는 와중에도 계속해서 보건실을 방문하는 학생들을 돌보고 살피느라 무척 바쁜 가운데 끝까지 인터뷰에 응해 주었다. 아이들이 선생님을 상당히 친밀하게 대하며 많이 믿고 의지하는 모습이었다. 그런 교사이기에 아이들의 눈에 일어난 변화를 누구보다 민감하게 알아챘고, 현 상황에 대한 문제의식을 가지게 되었을 것이다.

"학교에서 연 2회 해오던 시력검사를 휴교가 끝난 직후에 실시했는데, 휴교 기간 동안 시력이 뚝 떨어진 아이들이 너무 많아서 걱정이 되네요."

고니시 씨는 지난 5년 간의 시력검사 결과 추이표를 우리에게 보여주었다. 교내에서 이루어지는 시력검사의 핵심은 수업 시간에 칠판이 잘 보이는지의 여부다. 그래서 나안시력만 재는 것이 아니라, 안경이나 콘택트렌즈를 착용하는 아이는 평소 사용하는 안경 혹은 콘택트렌즈를 착용한 채로 교정시력을 측정하고 있다. 교정한 상태에서 칠판이 잘 보인다면 합격이다.

[자료 2-1]에서 안과 진료가 필요하다 여겨지는 시력 0.7 미만 학생의 비율을 살펴보면, 2019년까지는 큰 폭의 변동이 보이지 않는다.

그러나 2020년 6월에 실시한 검사에서는 **시력 0.7 미만인 학생의 비율이 17.7퍼센트에서 단숨에 23.4퍼센트로 3할 이상(5.65포인트)** 증가하였다. 학교의인 가시이 씨가 "예상했던 것

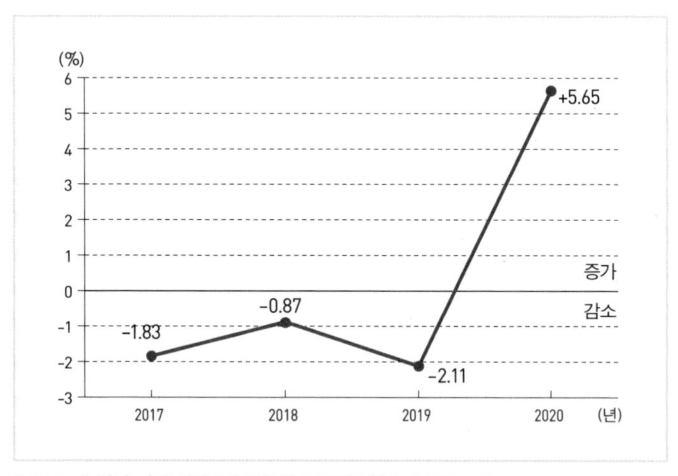

[자료 2-1] 전년 대비 시력 0.7 미만인 아동의 비율(교정시력 포함)
2019년도 이전까지의 데이터와 비교해 보면, 2020년 휴교 이후 시력이 악화된 아동이 얼마나 증가했는지를 한눈에 확인할 수 있다.
(출처: 교토교육대학부속 교토초중학교)

보다 훨씬 더 심하다"며 놀라워했던 것은 바로 이 수치들을 가리킨 것이었다.

사상 최악의 시력 저하에는 이유가 있다

그렇다면 혹시 우리가 방문한 이 초등학교에 한해서만 이런 변화가 일어난 것은 아닐까? 그래서 우리는 2019년도의 문부과학성 통계를 조사해 보았다. 그 결과, 시력이 1.0 미만인 초·중·고등학생의 비율이 사상 최악을 기록하고 있음을 알게 되었다.

여기서 짚고 넘어가고 싶은 것은, '시력 저하 = 근시 증가'라는 인식은 대체로 맞지만, 경우에 따라 반드시 정확한 표현은 아닐 수 있다는 점이다. 그 이유는 시력 1.0 미만인 학생들 중에는 원시(가까이 있는 물체를 잘 볼 수 없는 시력-옮긴이) 등과 같이 근시 이외의 다양한 요인도 포함되어 있기 때문이다.

2020년에 일본안과의회가 실시한 조사에 따르면, 시력 1.0 미만인 초등학생 2,000명 중 약 80퍼센트(정확히는 78.4퍼센트)가 근시이다. 이 비율은 중학생에서는 91.4퍼센트, 고등학생에서는 95.3퍼센트로, 연령이 증가함에 따라 함께 증가하는 경향을 보인다. 유치원생의 경우는 반대로 근시의 비율이 25.0퍼센트로 낮고 원시의 비율이 매우 높다.

이러한 결과로부터 생각해 보면, 초·중·고등학생의 시력 저하가 전례 없는 최악의 수치를 기록한 배경에는 분명 근시의 증가가 깊이 관여하고 있음을 알 수 있다.

'시력이 저하된 학생의 증가 → 근시 학생의 증가'라고 볼 때, 그렇다면 도대체 무엇 때문에 근시 학생의 비율이 이토록 크게 증가하고 있는 것일까?

우리 취재팀은 보건교사인 고니시 씨를 시작으로 초등학

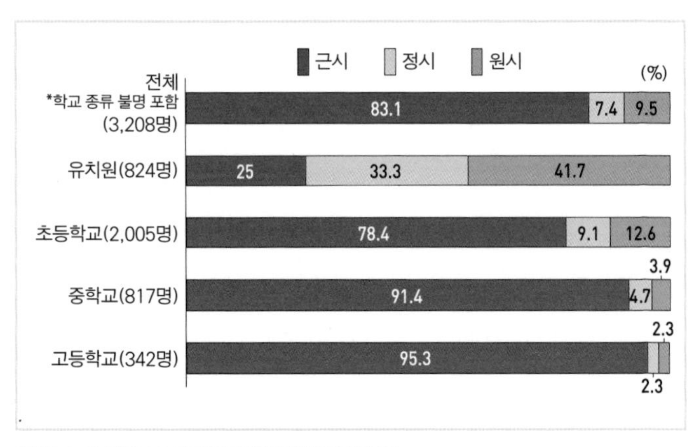

[자료 2-2] 시력 1.0 미만인 학생의 굴절이상 현황
검진이 권장되어 안과에서 진료를 받은 학생들의 굴절이상 조사표.
(출처: 미야우라 도오루 외, 시력 검진 권장 대상자의 굴절 등에 관한 조사, 〈일본의 안과〉 91권 6호(2020))

교 선생님들과 안과 전문가들의 지도 하에 요즘 아이들의 생활을 자세히 관찰해보기로 했다.

초등학교 4학년 아이의 하루는 어떨까?

왜 이렇게 시력이 나빠졌는지 이유를 알고 싶다며, 교토교육대학부속 교토초중학교 4학년 이시자키 슈야 어린이가 취재에 협력해 주었다.

맨 처음 슈야를 만난 것은 초등학교 교실에서였다. 밝게 웃으며 예의 바르게 인사도 잘 하는 아주 활발한 아이였다. 피부가 햇볕에 검게 그을려 있었는데, 물어보니 축구부와 야구부에 소속되어 있다고 했다. 취재 당일에도 체육 시간에 구기 종목을 했는데 아주 펄펄 날아다닌 모양이었다. 필자의 어릴 적 기억으로는 이렇게 활동적인 친구들 중에 눈이 나빠 안경을 쓴 아이는 거의 없었던 것 같아, 도대체 이 아이가 왜 근시가 되었는지 무척 궁금했다.

슈야가 안경을 쓰기 시작한 것은 3년 전이다. 온 가족이 근시이기는 하지만, 예상을 훨씬 뛰어넘는 속도로 진행되는 아들의 시력 저하에 아버지인 다쓰야 씨도 깜짝 놀랐다고 한다.

"가족 모두가 근시이긴 해도, 슈야를 빼고는 다들 중학교 들어가고 나서 시력이 떨어지기 시작했거든요. 슈야는 우리 가족 중에 가장 빨리 눈이 나빠지기 시작했고, 나빠지는 속도도 이상할 정도로 빨라요. 지금 가족 중에 제가 제일 시력이 안 좋은데, 슈야가 자꾸만 눈이 나빠지더니 이제는 제 다음으로 시력이 낮아졌어요. 지금도 계속 나빠지면서 제 시력에 점점 가까워지고 있어서 많이 걱정됩니다."

물론 슈야 자신도 시력이 더 이상 나빠지지 않기를 바라고 있었다. 슈야의 시력 저하 원인을 찾아내기 위해 우리는 근시 진행 억제부문이라는 외래진료가 있는 도쿄의과치과대학

부설 '첨단근시센터'의 전문가에게 조언을 구하기로 했다. 이 센터의 교수이며 일본근시학회 이사장인 오노 교코 씨에게 대략적인 상황을 전하니 다음과 같은 설명이 돌아왔다.

"근시의 배경을 찾아내어 진행을 억제하기 위해서는 일상생활을 관찰하여 이를 가시화하는 것이 중요합니다. 이때 주목해야 할 항목 중 하나가 바로 '근업近業' 즉, 근거리에서 하는 작업입니다. 근업이란 30센티미터 이내의 거리를 보는 작업을 말하는데, 이러한 작업을 장시간 지속하면 근시가 진행될 위험이 높아진다는 사실이 이미 밝혀졌습니다."

근시의 위험을 증가시키는 '근업'. 30센티미터 이내의 거리가 정확히 얼마나 되는지 감이 잘 오지 않는다면, 2리터짜리 페트병의 길이를 생각하면 대충 가늠이 될 것이다. 그렇다면 당연히 우리가 스마트폰 등을 보는 상황은 여지없이 근업의 조건에 부합하게 되는 것이다.

그러나 조금만 시도해보면 금방 알겠지만, 일상생활 속에서 눈과 사물과의 거리를 항상 의식하며 살아간다는 것은 생각보다 훨씬 힘들다. 그래서 첨단근시센터에서는 '클라우클립Clouclip'이라 부르는 장치를 사용하여 그 거리를 가시화하고 있다.

클라우클립은 근시 연구를 위해 새롭게 개발된 연구용 기

[자료 2-3] 안경에 클라우클립을 부착한 모습

록장치다. 이 장치를 평소에 쓰는 안경에 부착하면 내가 보고 있는 사물과 눈 사이의 거리 등 각종 데이터를 적외선을 사용하여 측정하고 기록할 수 있다. 그 데이터가 1센티미터 단위로 5초마다 측정된다고 하니 놀라울 따름이다. 클라우클립은 일본을 비롯하여 미국, 스페인, 싱가포르, 중국 등에서 연구에 이용되고 있다. 무게는 A4용지 한 장 정도밖에 되지 않는다. 맨 처음 부착했을 때는 조금 신경이 쓰이지만, 금세 적응이 되어 존재 자체를 잊어버리고 생활하는 아이들이 대부분이라고 한다. 이 장치를 사용하여 우리는 슈야의 일상 속 근업 실태를 정확하게 조사할 수 있었다.

아이는 먼 곳과 가까운 곳을 번갈아 본다

슈야의 일상 중 어느 하루의 데이터를 살펴보자. 맨 처음 확인할 것은 학교에서 보내는 시간대의 데이터이다. [자료 2-4]의 막대그래프가 위로 올라갈수록 슈야가 먼 곳을 보고 있음을, 반대로 막대가 짧을수록 가까운 곳을 보고 있음을 나타낸다.

8시 55분에서 9시 40분까지의 1교시는 국어 수업이다. 읽고 쓰는 활동이 많은 시간대이니 가까이 보는 시간이 길지 않을까 하는 우리의 예상과는 달리, 슈야는 가까운 곳과 먼 곳을 번갈아 가며 보고 있음을 알 수 있었다.

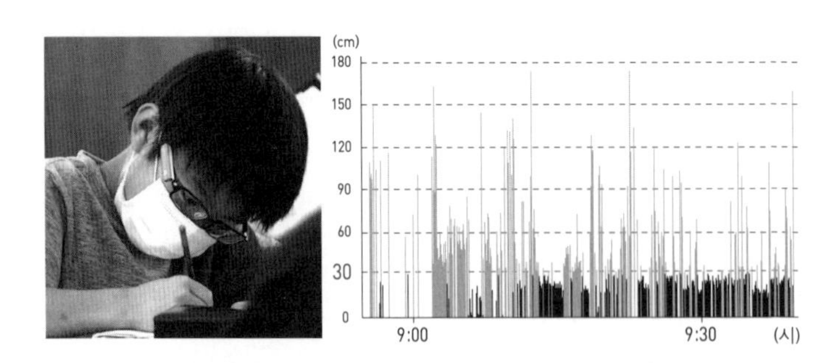

[자료 2-4] 수업을 듣고 있는 슈야의 모습과 1교시(8:55~9:40) 측정 결과
색이 짙은 부분이 30센티미터 이내의 거리를 본 근업 시간을 나타낸다. 가로축은 시간의 경과를, 세로축은 보고 있는 사물과 눈과의 거리이다. 막대그래프의 높이가 높을수록 먼 곳을 보고 있는 것이며, 색이 짙게 칠해진 부분의 면적이 옆으로 넓을수록 근업의 지속시간이 길다는 의미이다.

촬영한 영상과 대조하여 슈야의 움직임을 확인해 보니, 먼 곳을 볼 때는 칠판을 보거나 선생님 말씀을 듣기 위해 고개를 들어 시선을 멀리 두고 있었다. 또 가까운 곳을 볼 때는 공책에 글자를 적거나 교과서를 읽기 위해 바로 앞 책상 위를 보았다. 그리고 2교시 이후의 수업에서도 이와 같은 경향이 크게 달라지지 않음을 확인하였다.

막대그래프가 전혀 길어지지 않은 시간대도 있다. [자료 2-5]의 10시 30분부터 20분간 가진 휴식시간이 그 예이다. 이것은 장치가 측정할 수 있는 한계치인 2미터보다 더 먼 거리를 보았음을 의미한다. 즉 슈야가 교실 밖이나 운동장 등 야외에 나가 놀면서 먼 곳을 보고 있는 상태다.

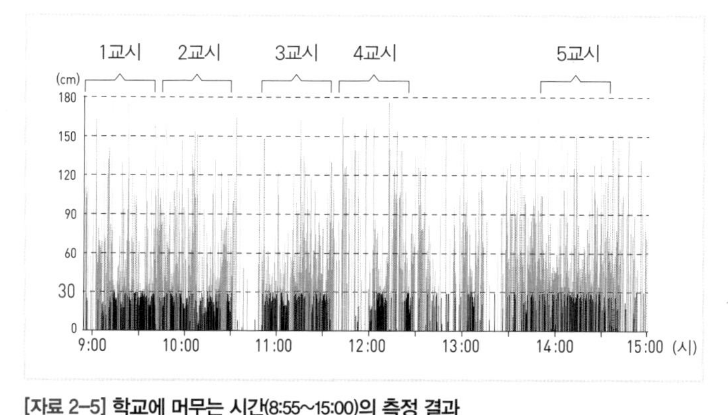

[자료 2-5] 학교에 머무는 시간(8:55~15:00)의 측정 결과
수업 사이사이 쉬는 시간에 데이터가 비어있는 것은 측정 불가능할 정도로 먼 곳을 보고 있었음을 나타낸다.

그밖에 체육 시간 등도 마찬가지로 근업은 거의 없었다. 학교에 머무는 시간대에는 잠깐씩의 근업은 계속 있었지만 그것이 장시간 이어지는 경우는 많지 않았으며, 정기적으로 먼 곳을 바라보고 있음을 확인할 수 있었다.

아이의 눈은 학교보다 집에서 나빠진다

그런데 문제는 학교에서 집으로 돌아온 뒤였다. 방과 후 운동장에서 실컷 뛰어놀고 나서 집에 돌아온 슈야의 데이터인 [자료 2-6]을 살펴보자.

슈야가 집에 온 직후에 근업이 30분가량 이어지고 있다. 영상으로 확인해 보니, 손을 씻고 양치질을 한 뒤 TV 옆 충전기에서 딸깍 하고 뭔가를 빼내어 바닥에 앉더니 이내 열중하기 시작했다. 슈야가 제일 좋아하는 휴대용 게임기였다.

더 자세히 데이터를 분석해 보던 중 흥미로운 사실이 드러났다. 맨 처음 게임을 시작할 때는 눈과 게임기 화면 사이의 거리가 30센티미터 정도를 유지하고 있었는데, 10분가량 지나자 20센티미터 정도까지 거리가 가까워진 것이다.

슈야에게 이러한 사실을 알려주니 전혀 몰랐다고 말한다.

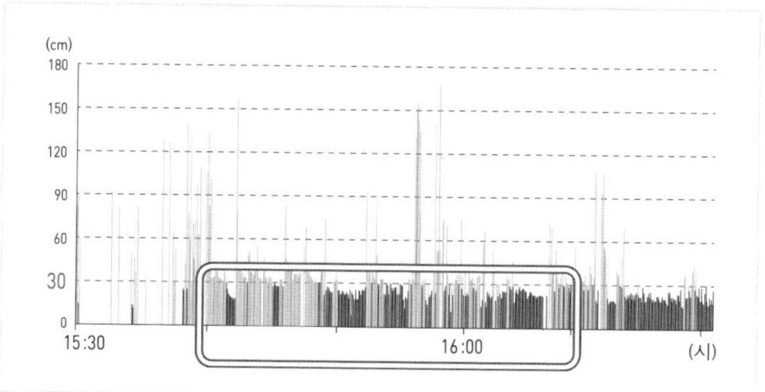

[자료 2-6] 귀가 후의 측정 결과
게임 중(흰 테두리 안)에 근업이 30분 이상 이어지는 시간대가 있었다.

"되도록이면 화면을 멀리 놓고 보려고 신경을 쓰긴 하는데요. 게임에 집중하면 저도 모르게 화면 쪽으로 자꾸만 가까워지나 봐요."

처음에는 아이도 나름대로 조심하면서 게임을 시작하지만, 게임에 몰입하게 되면서 화면과의 거리가 점점 좁혀지는 것이다. 눈과 사물 간의 거리가 가까워질수록 근시가 진행될 위험도 높아지는데, 그 이유에 대해서는 뒤에서 다시 상세히

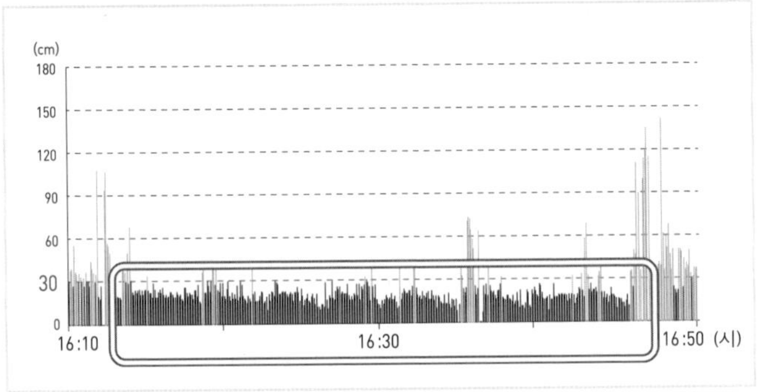

[자료 2-7] 숙제하는 시간(흰 테두리 안)의 측정 결과

설명하도록 하겠다.

그런데 바로 다음에 이어지는 시간대에서도 또다시 근업이 계속된다. 학교 숙제를 하는 시간이다([자료 2-7] 흰 테두리 안). 이날은 한자 따라쓰기 숙제가 있었는데, 작은 획들을 프린트물에다 틀리지 않게 따라 쓰느라 눈과 책상 위 프린트물의 거리가 너무 가까워져 있었다. 아이가 숙제를 '열심히' 한 결과로 근시가 진행된다 하니, 참으로 안쓰럽기 그지없다.

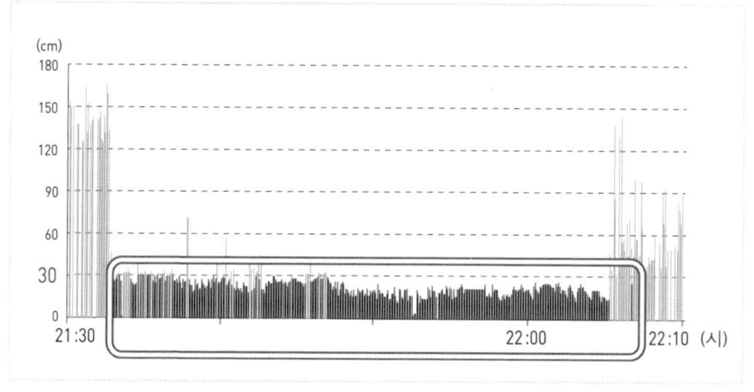

[자료 2-8] 취침 전의 측정 결과
이날 하루 중 가장 긴 시간동안 가까운 거리를 보았다. 누워서 만화책을 읽은 것이 원인이었다.

밤 9시 30분 이후에도 30분 이상 근업이 이어지는 시간대가 있었다([자료 2-8] 흰 테두리 안). 이때 슈야는 자기 방에 누워 만화책을 읽고 있었다. 눈과 만화책과의 거리는 불과 15센티미터 정도밖에 되지 않았다. 확인해 보니 슈야는 밤에 자기 전에 1시간가량 침대에서 독서를 하는 것이 평소의 습관이라고 했다. 이상의 기록된 데이터를 통해, 부모가 보지 않는 곳에서 이루어지는 아이들의 근업 실태가 밖으로 드러난 것이다.

이렇게 하루 동안의 데이터를 상세히 분석해 본 결과, 자잘한 시간까지 모두 합치면 총 4시간 이상이 근업 시간인 것으로 확인되었다. 그중에서도 특히 집 안에서 활동하는 시간의 약 40퍼센트가 근업이라는 사실이 밝혀졌다.

근시 위험을 높이는 조건

첨단근시센터의 오노 교코 씨의 말에 따르면 **30분 이상 연속으로, 그리고 하루에 2시간 이상 근업을 하면 근시가 진행될 위험이 높아진다는 사실이 연구를 통해 밝혀졌다**고 한다. 그러므로 슈야의 시력 저하와 근시의 악화에도 근업이 영향을 미치고 있을 가능성이 크다.

슈야 이외에도 다른 초등학생 5명의 도움을 받아 관찰을 진행한 결과, 대부분의 아이들이 위에 제시된 조건보다 더 많은 근업 시간을 보내는 것으로 판명되었다.

하지만 그렇다고 해서 현대 사회를 살아가는 우리가 무작정 근업 자체를 하지 않을 수도 없는 노릇이다. 눈이 근시가 되면 안 되니까 아이들에게 공부를 하지 말라고 말할 수도 없고, 게임도 만화도 억지로 못 보게 해봤자 얼마 못 갈 것이 뻔하니 말이다.

그러나 우리에겐 방법이 있다. 자칫 근업이 되기 쉬운 작업들을 평소처럼 똑같이 하더라도, 아주 조금만 신경을 쓰면 근시의 위험을 낮출 수 있는 방법이다. 이 방법에 대해서는 4장에서 자세하게 소개하고 있다. 여기서는 현재의 근업 실태를 조금 더 들여다보기로 하자.

코로나19 이후 근시가 증가한 이유

코로나19 바이러스의 감염 확산은 우리의 생활을 크게 뒤바꿔놓았다. 많은 이들이 외출을 자제하게 되었고, 학습과 근무는 빠르게 재택화(원격화)로 전환되었다.

그 결과 지금까지 대면으로 행해지던 학교와 학원 수업, 그리고 직장인의 경우는 미팅이나 회의가 온라인 상에서 이루어지게 되어 모니터 화면을 들여다봐야 하는 시간이 증가했다. 코로나19 이전에 비해 근업 시간이 확연히 증가했음을 실감하는 이들도 적지 않을 것이다.

근업이 증가했음을 뒷받침하는 조사 결과들도 보고되고

있다. 2020년 8월에 실시한 웹 조사(유효 표본수 1,677)의 결과 [자료 2-9]를 보자.[1]

① 휴교 전과 비교했을 때, 휴교 중에 아이들의 스마트폰, 태블릿, 컴퓨터, 게임기 등 디지털 기기 이용 빈도가 대폭 증가하였다.

② 게임기와 같이, 휴교 전보다 휴교가 끝났을 때의 이용 빈도가 더 높은 항목도 있다.

흥미로운 부분이 ②번인데, 휴교 중에 생겨버린 게임 습관이 휴교가 끝난 뒤에도 계속 영향을 주고 있는 것으로 보인다. 또한 디지털 기기를 이용한 학원 학습 등도 마찬가지로 휴교가 끝났을 때 더 높은 수준을 보이고 있어, 가정에서의 모니터 화면을 통한 학습이라는 새로운 형태의 학습이 정착하고 있는 모습도 엿볼 수 있었다.

휴교가 끝났음에도 소위 '위드 코로나'가 아이들의 눈에 미치는 영향은 여전히 심각하다. 이렇듯 폭넓은 연령층에서 시력 저하가 우려되고 있지만, 그 대책으로 '안과 검진을 받을 것이다'라고 답한 학부모는 20퍼센트에도 채 미치지 못했다. '아무것도 하지 않을 것이다'라고 답한 학부모가 60~70

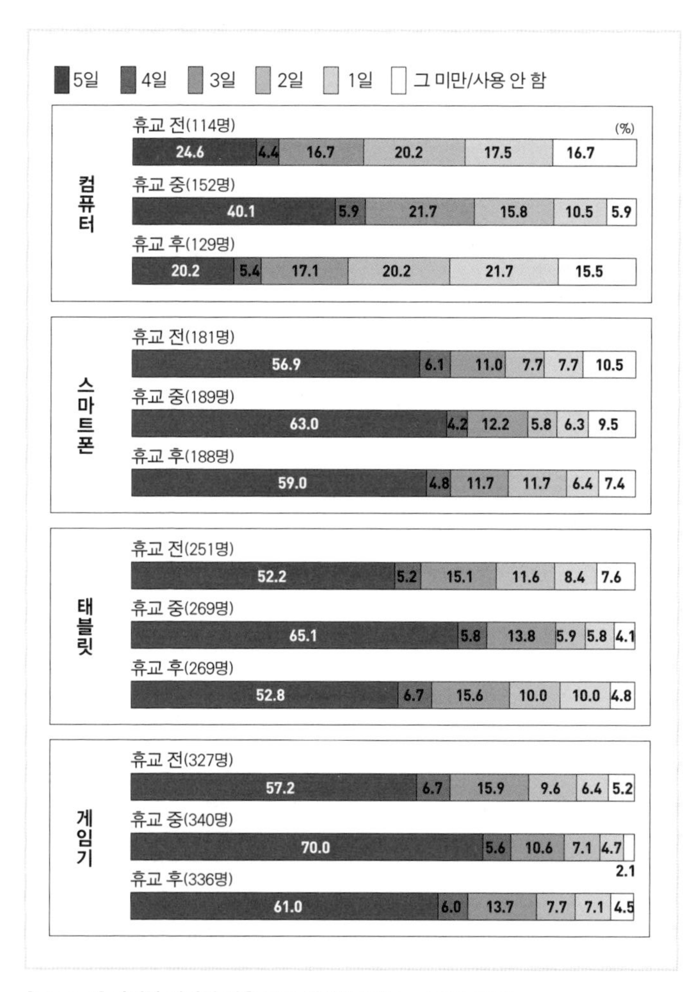

[자료 2-9] **디지털 기기의 이용 빈도 변화(초등학교 4~6학년, 평일)**
디지털 기기를 1주일 중 며칠 이용하였는지 조사하였다. 초등학교 4~6학년 학생 이외에도 초등학생부터 고등학생까지 전 연령대에서 휴교 중에 디지털 기기 이용이 대폭 증가했음이 확인되었다. 특히 증가 경향이 두드러진 항목은 '컴퓨터'였다. '게임기'와 같이 휴교 이후가 휴교 이전보다 오히려 약간 증가한 항목도 있다.
(출처: 미국의료기기·IVD공업회(AMDD), 〈COVID-19로 인한 아동의 디지털 기기 이용 변화에 관한 소비자 조사〉에서 발췌)

퍼센트나 되었다.

이러한 결과는 특별한 이유가 없어도 정기적으로 안과 검진을 받는 습관이 자리 잡지 못한 탓도 있겠지만, 막연한 불안감은 있는데 구체적으로 무엇을 어떻게 하면 좋을지 모르겠다는 이들이 대부분인 듯하다.

아이들 눈의 정밀 검사를 통해 밝혀진 사실

지금까지의 구체적인 사례들을 통해 아이들의 일상생활 속에서 근업이 이전보다 증가했음을 확인할 수 있었다. 그렇다

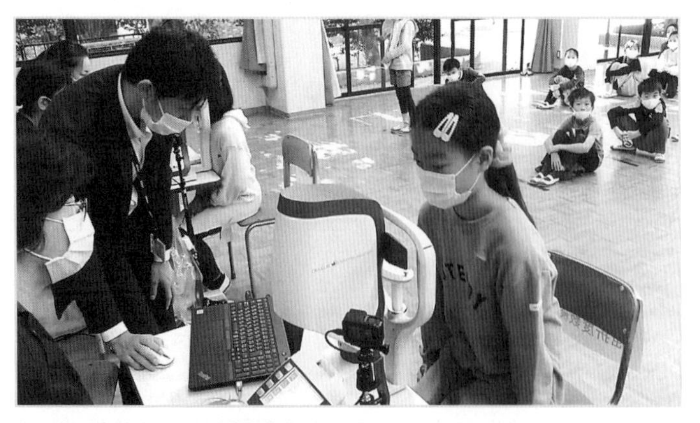

[자료 2-10] 최신장비로 시력을 측정하는 모습
(감수: 일본안과의회, 도쿄의과치과대학 안과학 교실, 취재 협조: 일본 시능훈련사협회, 주식회사 니콘솔루션즈)

면 이러한 근업의 증가로 인해 아이들의 눈에는 실제로 어떤 변화가 일어나고 있을까? 즉, 근업과 근시 사이에는 직접적으로 어떠한 관계가 있는 것일까?

우리 취재팀은 슈야가 다니는 교토교육대학부속 교토초중학교의 전면적인 협조 덕분에 1~6학년 학생 약 600명의 눈을 정밀 검사해볼 수 있었다.

본 조사를 위해 일본에 도입한 지 얼마 되지 않았다고 하는 독일제 최신 안구검사 장비를 사용하였다([자료 2-10]). 언뜻 보면 안과나 안경원에서 흔히 볼 수 있는 기계처럼 생겼지만, 한번 들여다보는 것만으로도 각막 굴절률이나 동공의 크기 등 눈에 관한 10가지 항목을 측정해주는 장치다. 우리

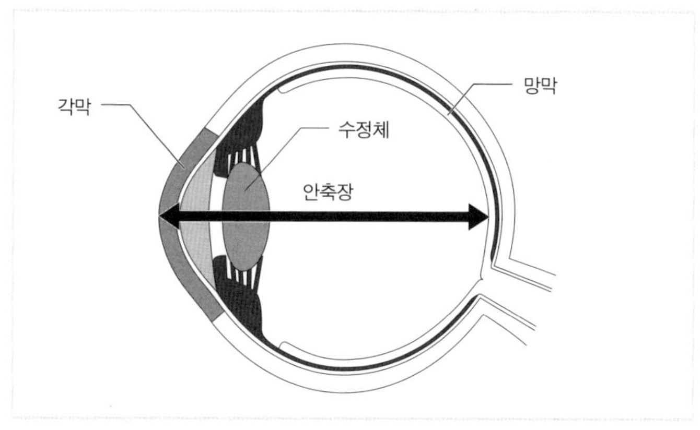

[자료 2-11] 안축장
성인의 평균 길이는 약 24밀리미터다. 통상적인 시력검사를 통해서는 측정할 수 없다.

는 이 장치를 사용하여 조사에 동의한 577명의 아이들을 대상으로 시력검사와 함께 이러한 항목들에 대해서도 측정을 실시하였다.

검사 데이터를 전문가와 함께 분석해 본 결과는 충격적이었다. 눈 표면의 각막에서부터 망막까지의 안구 안쪽 길이, 즉 **안축장이 비정상적으로 늘어나 있는 아이들이 다수 관찰된 것**이다.

예컨대 근업 조사를 도와주었던 슈야의 측정 결과를 살펴보면, 양쪽 눈 모두 안축장이 25밀리미터까지 늘어나 있었다. 초등학교 4학년 나이에 이미 성인 평균 길이인 24밀리미터를 넘어버린 것이다.

안축장은 한번 늘어나면 절대 줄어들지 않는다

이 '안축장의 늘어남'이 바로 근업과 근시의 관계에 대한 답이다. 근업에 의해 안축장이 늘어나는 이유는 우리 눈이 가지고 있는 '사물을 또렷하게 보기 위한 기능'과 관련이 있다. 우리가 눈으로 무언가를 볼 때, 외부에서 들어온 빛은 각막을 통과하여 렌즈 역할을 담당하는 수정체에 당도한다. 수정체에서 빛이 굴절되어 스크린 역할을 하는 망막 위에 초점이 맺히면 사물이 또렷하게 보이는 것이다.

그러나 사물을 가까이서 보는 경우에는 초점이 망막보다 더 뒤쪽으로 가버린다. 이때 일을 하는 것이 렌즈 역할을 담당하는 수정체다. 수정체는 스스로 두께를 두껍게 만들어 초점이 맺히는 거리를 단축시켜서 망막 상에 초점이 맺히도록 조절한다. 이것이 눈의 '조절기능'이다.

그보다 더 가까운 거리에서 사물을 보는 근업의 경우는 어떨까. 초점은 훨씬 더 깊숙하게 망막 뒤쪽에 가서 맺힐 것이다. 그럼에도 우리 눈은 어떻게든 수정체의 조절기능을 사용하여 초점을 맞추려 하는데, 거리가 먼 탓에 망막과 초점의 위치 사이에 차가 생기게 된다(조절 지연). 이러한 차는 아주 미세하여 우리가 시각적으로 사물을 흐릿하게 느낄 정도는 아니다.

하지만 망막에는 이런 미세한 흐트러짐도 섬세하게 포착해 내는 기능을 가진 세포가 있다. 망막과 초점 사이의 아주 작은 어긋남을 알아챈 이 세포는 어떤 신호를 보낸다.

'초점이 망막 위에 정확히 맺힐 수 있도록 안구 길이를 늘려라!'

이러한 신호를 받은 우리 눈은 안축장을 늘려서 초점을 어

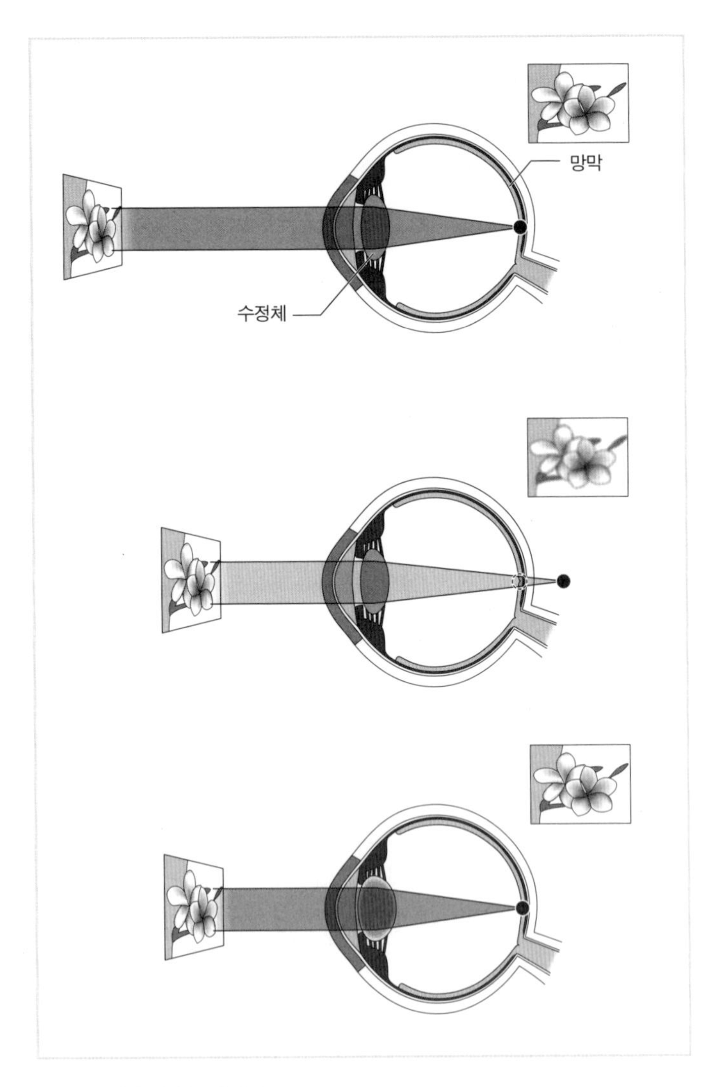

[자료 2-12] 초점의 '조절기능'
가까이 있는 사물을 볼 때, 망막의 뒤쪽으로 가서 맺히는 초점을 수정체가 스스로 두께를 조절하여 망막 위에 맺히도록 한다.

떻게든 맞추려고 하는 것이다. 초점은 눈과 사물과의 거리가 가까우면 가까울수록 더 많이 흐려진다는 사실이 밝혀져 있다. 따라서 눈과 사물의 거리가 가까우면 그만큼 안축장이 늘어날 위험 또한 증가한다고 전문가들은 보고 있다.

눈의 이러한 시스템은 1장에서 언급했던 바와 같이 신체가 성장하면서 안구도 함께 커지는 것과 관련이 있다. 본래 인간의 눈은 태어난 지 얼마 지나지 않은 상태에서는 크기가 작아서(따라서 안축장도 짧다), 기본적으로 무엇을 보든 초점이 항상 망막 뒤에 맺히는 '원시' 상태이다. 유치원생 아동들의 시력 불량 중 가장 큰 요인이 원시인 것은 바로 이 때문이다.

몸이 성장함에 따라 안축장도 점차 길어져 20~25세 전후에 적절한 길이가 되며, 안축장도 더 이상 길어지지 않고 '정시正視(시력을 조절하지 않아도 평행 광선이 망막 위에 상을 맺어 초점이 맞은 상태-옮긴이)'가 되도록 우리 눈은 설계되어 있다. 안축장의 길이는 약간의 개인차가 있으나 성인 평균 24밀리미터 내외라고 한다.

안축장을 어디까지 늘릴지를 판단하는 것은 망막 위에 맺히는 상의 흐려짐을 감지하는 세포의 몫이다. 사실은 안축이 이미 필요한 길이까지 충분히 늘어나 있음에도 불구하고, 근업에 의해 상이 흐릿하게 보이면 이 세포는 '안구 길이를 아

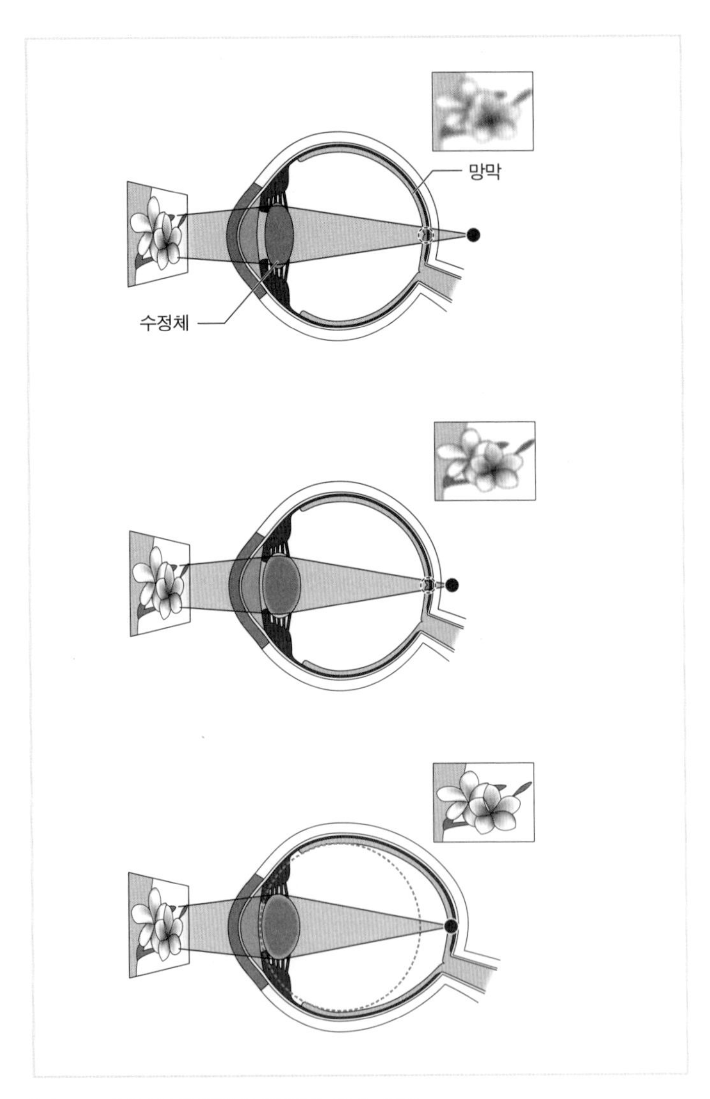

[자료 2-13] 근업으로 인해 안축장이 늘어나는 원리
수정체의 두께를 최대로 늘려도 초점을 망막 위치에 정확히 맞추지 못하므로, 안구 길이를 늘림으로써 반대로 망막의 위치를 초점에 맞추려 하는 것이다.

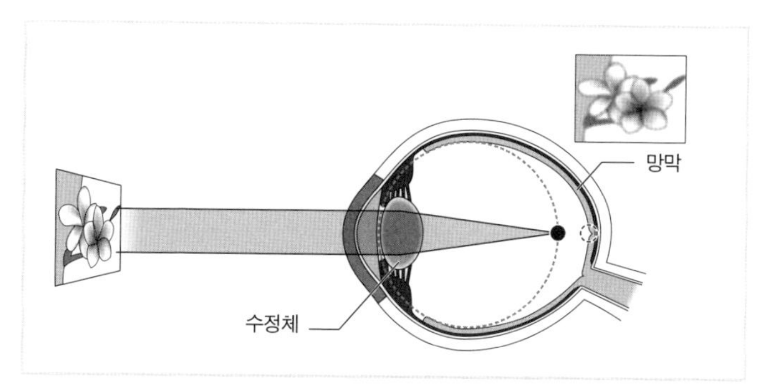

[자료 2-14] 근시일 때 먼 곳의 물체가 안 보이게 되는 원리
안축장이 늘어난 상태에서 멀리 있는 사물을 보면, 초점과 망막의 위치가 어긋나 사물이 흐릿하게 보인다. 수정체는 스스로 두께를 늘려 뒤에 맺힌 초점을 앞으로 가져오는 작업은 아주 잘 하지만, 반대로 두께를 얇게 하여 초점을 뒤로 미는 기능은 약하다.

직 더 늘려야겠구나' 하고 착각을 해버려 자꾸만 안축장을 늘려가는 것이다.

다음으로 안축장이 늘어난 상태에서 먼 곳에 있는 사물을 보려고 하면 어떤 일이 일어나는지 살펴보자. [자료 2-14]를 보면 초점이 망막의 앞쪽에 위치하게 되어 상이 흐릿하게 보인다. 가까운 곳은 보이지만 먼 곳은 침침하고 부옇다. 이러한 상태가 안축장의 늘어남에 의한 근시, 바로 '축성근시' 상태다. 근시의 대부분이 이와 같은 축성근시인 것으로 보고되고 있다.

축성근시 외에도, 각막 혹은 수정체에서 보통 사람보다 빛이 더 많이 굴절되어 가까운 거리에서 초점을 맞추기 위해 안축이 정상임에도 초점이 망막 앞쪽에 맺히게 되어 상이 흐릿하게 보이는 '굴절성 근시' 등이 있다.

여기서 우리는 이 책의 내용 중 가장 중요하다 할 수 있는 핵심 하나를 짚고 넘어가야 할 것 같다. 그것은 바로 **'한번 늘어난 안축은 계속해서 늘어날 수는 있어도, 절대 원래 길이로 되돌아갈 수는 없다'**는 점이다.

근업이야말로 안축의 길이를 결정하는 가장 중요한 요인이기에, 안축이 앞으로 얼마나 늘어날지를 좌우하게 될 초·중·고 시기에 근업의 양을 통제하고 조절해 주는 것이 무엇보다 중요한 이유다.

40년 전에 비해 빠르게 늘어난 안축장의 길이

그렇다면 이번에 실시한 조사 결과가 과거의 수치들과 비교하여 대체 어느 정도 비정상인 것일까? 취재팀은 약 40년 전에 수집된 귀중한 데이터를 입수할 수 있었는데, 1977년에 실시했던 초등학생의 안축장 계측 결과가 그것이다. 이 데이터에 따르면, 당시 초등학교 6학년 학생의 평균 안축장 길이는 23.4밀리미터였다. 반면 이번 조사로부터 얻은 결과는

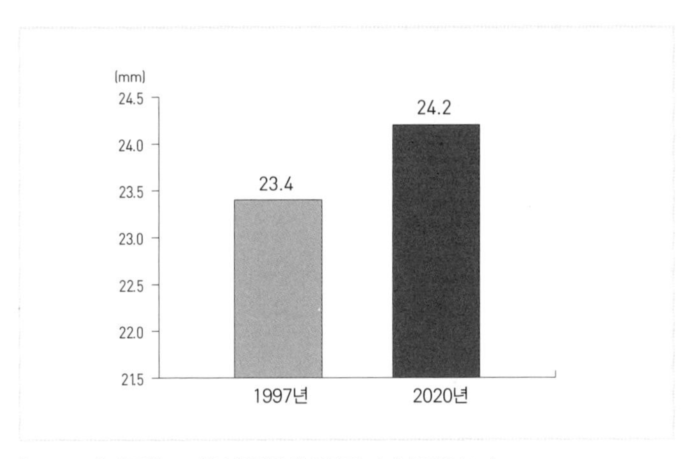

[자료 2-15] 초등학교 6학년 학생들의 안축장 길이의 변화(평균)
(출처: 도코로 다카시 외, 도쿄의 한 초등학교 학생들의 안축장 측정 결과에 대하여, 〈안과임상의보〉 71권 3호(1977))

24.2밀리미터로, 그 차가 0.8밀리미터나 된다.

평균적으로 사람의 눈은 성인이 될 때까지 1년에 0.1밀리미터씩 커진다. 그러니 0.8밀리미터라는 길이는 무려 8년 치에 해당하는 것이다. 그렇게 생각하면, 요즘 아이들은 40년 전 아이들과 비교했을 때 초등학교 6학년 기준으로 8년이나 더 빨리 안축장이 늘어났다고 볼 수 있다.

물론 성장이 좀 빠르더라도 이전처럼 24밀리미터 정도에서 더 이상 늘어나지 않는다면 아무 문제 없을 것이다. 그러나 요즘 아이들의 안축장이 성장하면서 적절한 안축장 범위를 벗어나서 어디까지 늘어날지 모를 일이다. 3장에서 상세히 서술하겠지만 안축장이 늘어나면 늘어날수록 다양한 합병증의 위험이 커지게 된다. 27밀리미터 이상이 '강도근시'의 기준인데, 최근 이러한 강도근시가 크게 늘면서 합병증에 의한 실명 환자가 증가할 가능성이 있다며 연구자들과 WHO는 우려를 표하고 있다.

초등학교 6학년의 80퍼센트가 근시다

이번 조사의 분석을 통해 알게 된 사실은 이뿐만이 아니다. 시력이 아닌, 안축장을 기준으로 한 '근시율'을 산출해 보니까 1학년에서는 23.5퍼센트, 그리고 학년이 올라감에 따라 매우 큰 폭으로 상승하여 6학년에서는 무려 약 80퍼센트(78.3퍼센트)까지 치솟았다.

휴교가 막 끝난 2020년 6월 실시한 시력검사 결과에서 1~6학년 학생 중 시력이 안과 검진이 필요한지의 기준이 되는 0.7 미만인 학생의 비율은 23.4퍼센트였다. 반면에 안축을 기준으로 한 축성근시의 비율은 54.5퍼센트로, 무려 2배 이상의 차이를 보였다. 두 수치 간의 이러한 차이는 무엇을 의미하는 것일까?

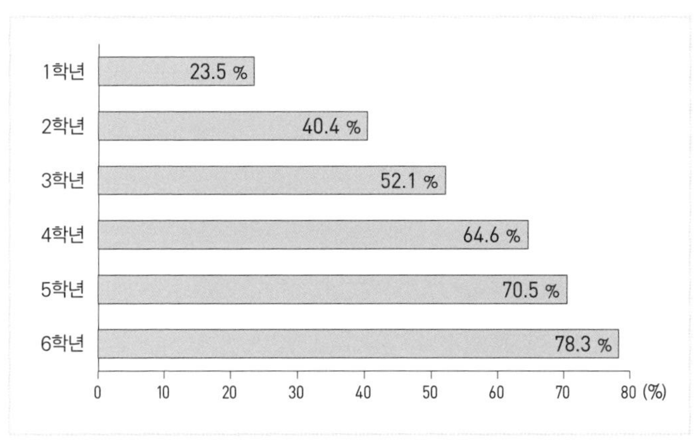

[자료 2-16] 안축의 길이를 기준으로 산출한 축성근시 아동의 비율
안축의 길이를 각막의 곡률 반경으로 나누어, 그 값이 2.99보다 큰 아동의 비율을 계산하였다.
(출처: 도쿄의과치과대학 안과학 교실)

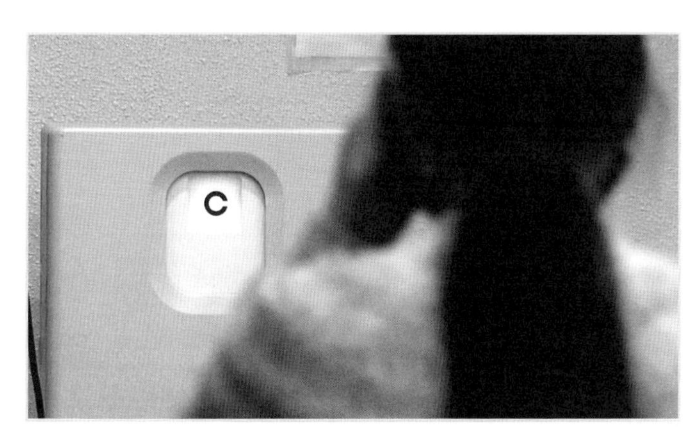

[자료 2-17] 시력검사만으로는 근시의 정확한 실태를 알 수 없다.

시력검사만으로는 발견되지 않는 '숨은 근시' 아동들이 그만큼 많다는 뜻이다. 축성근시가 시력검사를 통해 정확히 파악되지 않는 이유는, 안축장이 늘어나 상이 흐릿하게 보이면 아이들이 시력검사 시 눈을 찡그리는 등의 행동을 하여 보완하는 경우가 있기 때문이다.

시력검사 결과가 좋게 나오길 바라는 마음은 아이도 어른도 모두 마찬가지다. 그래서 멀리 있는 글자가 잘 안 보여도 어떻게든 용을 써서 보려고 하는 행동들이 숨은 근시를 낳게 되는 것이다.

근시 대책, 정확한 실태 파악이 먼저다

근시 대책을 세우고 실행에 옮기려면 실제로 근시 인구가 얼마나 되는지 정확한 실태를 파악하는 작업이 반드시 선행되어야 한다. 아울러 설문조사의 실시와 함께 클라우클립과 같은 장치를 이용한 생활습관 데이터의 수집을 통해 근시가 진행되는 원인을 찾아낼 필요도 있다. 이 데이터를 통해 근시 환자들의 생활습관 개선을 도울 수 있고, 새로운 근시 대책을 마련할 수도 있기 때문이다.

근시 실태 파악을 위한 지표에는 몇 가지가 있다. 이번 조사에서 사용한 근시율 산출 방법은 안축장을 '각막의 곡률 반경'으로 나누었을 때 그 수치가 2.99를 상회하는지의 여부다. 즉 안축장이 늘어나 안구의 형태가 구형이 아닌, 럭비공 형태가 되었는지 아닌지를 이 수치를 통해 어느 정도 추측해 내어 근시 여부를 판단하는 것이다.[2]

이번 조사에서 얻어진 근시율 54.5퍼센트라는 수치를 다른 수치들과도 비교해 보자.

'들어가며'에서 언급했던 문부과학성의 학교보건통계에서는 전체 초등학생 중 34.6퍼센트가 '시력 1.0 미만'이었다. 또한 앞서 소개했던 2020년의 일본안과의회 조사에서는 '시력 1.0 미만'인 초등학생 중 78.4퍼센트가 근시였다([자료 2-2] 참조). 이들 조사를 종합해 보면, 전체 초등학생의 27.1퍼센트가 근시라고 추측해 볼 수 있다.

이 수치와 이번 조사에서 밝혀진 근시 아동의 비율 54.5퍼센트를 비교해 보아도 역시나 큰 차이를 보인다. 이 차이 또한 앞서 설명했듯이 '숨은 근시'의 존재를 나타낸다고 봐도 좋을 것이다.

학교에서 실시하는 시력검사는 아이들이 실제 수업 시간에 칠판 글씨가 잘 보이는지를 기준으로 검사하기 때문에 중요한 의미를 가진다. 또한 고가의 측정 기기가 없어도 간단히 측정할 수 있다는 이점 또한 크다. 그러나 정확한 근시 아동의 수를 조사하는 데에는 한계가 있어, 실제보다도 훨씬 적게 측정될 가능성이 높다.

근시를 판단하는 지표 중 또 하나는 안과나 안경원에서 계측하는 수치로, 콘택트렌즈가 담긴 케이스 등에서 흔히 볼 수 있는 '굴절도수'라는 지표이다.

디옵터D라는 단위로 표시되는 이 지표는 수치가 마이너스이면 근시, 플러스이면 원시임을 알 수 있는 편리한 지표다. 일본근시학회도 이 지표를 기준으로 근시를 약도/중등도/강도의 3단계로 정의하고 있다.

그러나 이 굴절도수는 조절기능에 의해 근시율을 실제보다 부풀려서 추정해버리는 단점도 있다. 굴절도수를 측정할 때 측정장비 안을 응시하도록 하는데, 이때 우리 눈은 '가까운 곳을 봐야 한다'고 인식하여 스스로 수정체를 두껍게 조

약도근시	-0.5D ~ -3.0D
중등도근시	-3.0D ~ -6.0D
강도근시	-6.0D ~

(*D: 디옵터)

[자료 2-18] 근시를 판단하는 굴절도수 지표

절한다. 수정체가 두꺼워지면 빛이 더 크게 굴절되어 초점을 맺는 거리가 짧아져서 그 값이 마이너스 쪽으로 치우치고, 근시가 아닌 사람도 근시로 판정될 가능성이 있다.

이러한 현상은 특히 저연령의 어린이에게서 현저하게 나타난다. 이런 경우 조절기능을 일시적으로 마비시켜 수정체의 두께가 변하지 않도록 해주는 '조절마비약'이라는 점안액을 사용하면 정확한 수치를 측정할 수 있다.

근시 인구의 증가로 인한 위기를 인식하고 실태 파악에 착수한 중국 상하이에서는, 학교에서 아이들의 시력과 함께 굴절도수도 측정하고 있다. 그리고 측정 결과에 따라 안과 검진이 필요하다고 판단되는 아이들에게는 조절마비약을 사용하여 굴절도수를 재측정하도록 하는 절차를 취하고 있다. 뿐만 아니라 학교 검사를 통해 아이들의 안축장과 각막의 곡률 반경도 측정하는 등, 다양한 데이터 수집을 통해 근시 실태를 보다 정확히 파악하고자 하고 있다.

조절마비약에는 동공이 확장된 상태가 지속되는 부작용이 있어 점안액 사용 후 눈이 부시는 등 불편함을 겪을 수 있다. 그래서 누구에게나 쉽게 사용하기는 힘들기 때문에 아이들에게 조절마비약을 사용하여 굴절도수를 측정하기에는 아무래도 무리가 있다. 이러한 점들을 고려했을 때 가장 현실적인 방법은, 약을 사용하지 않고도 정확한 수치를 알 수 있는 '안축장 측정'이다.

근시 아동은 지금도 늘어나고 있다

이러한 판단에 따라 문부과학성은 2021년 5월, 일반적인 시력검사만으로는 알 수 없는 아이들의 근시 실태를 파악하기 위해 일본 전국의 초·중학생 약 9천 명을 대상으로 안축장 등을 측정하는 최초의 대규모 조사를 시작했다.

첫 측정 대상은 전국의 초등학생 중 1학년부터 3학년까지인데, 한 차례 측정하고 끝나는 것이 아니라 3년간 매년 측정하여 근시의 진행 상황을 관찰하려고 계획하고 있다. 이와 더불어 스마트폰 사용 시간 등 생활습관에 대한 설문조사도 실시한다. 스마트폰 등 디지털 기기의 이용 패턴이나 야외활동 시간과 같은 평소 생활습관과 근시와의 상관관계를 더 상세히 밝혀내어 유효한 대책을 검토해 나가고자 하는 것이다.

근시 아동의 수는 지금 이 순간에도 계속 늘어나고 있다. 그러나 현재로서는, 일본에서 근시 아동 인구를 추정할 수 있는 수단이 오로지 '시력'이라는 지표뿐이다. 유효한 대책을 마련하기 위해서는 실태를 정확히 파악하는 데서부터 시작해야만 하고, 거기에 필요한 매우 귀중한 데이터를 이번 대규모 조사를 통해 얻을 수 있을 것으로 기대된다.

전국에서 데이터들을 부지런히 수집하여 그로부터 효과적인 근시 대책을 마련하고 하루빨리 실행에 옮기는 것은 중요하다. 만약 우리가 이러한 노력을 기울이지 않는다면 앞으로 어떤 일들이 일어날까? 다음 장에서 자세히 짚어보자.

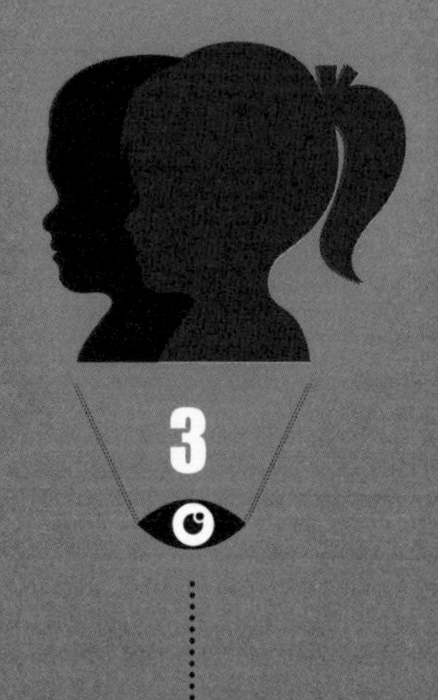

합병증에서 우울증까지, 근시는 왜 위험한가

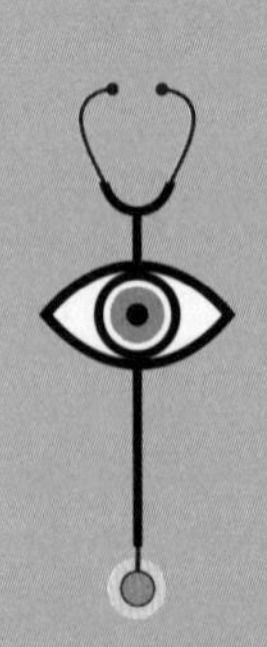

'근시는 단지 먼 곳의 사물이 잘 안 보이는 단순한 문제이므로, 안경이나 콘택트렌즈를 착용해서 교정만 해주면 간단히 해결된다.' 바로 얼마 전까지 '상식'으로 통했던 내용이다. 심지어 전문가들조차 이렇게 생각하고 있었을 정도였으니 말이다.

하지만 최근의 연구들을 통해 안축장이 늘어나는 '축성근시'가 우리의 건강에 지대한 영향을 미친다는 사실이 밝혀졌다. 이제 근시에 대한 상식이 완전히 바뀌고 있다.

이번 장의 내용들은 오랜 시간 근시로 살아온 필자 또한 마주하고 싶지 않은 가혹한 현실이다. 그러나 근시가 안고 있는 위험요소들을 확실히 이해하고 받아들이는 것이 근시에 바르게 대처할 수 있는 첫걸음일 것이다.

이후 4장부터 소개될 세계의 근시 대책들은 사실상 이러한 위험성이 알려지고 나서 쫓기듯이 발표되기도 했다. 왜 시력을 교정하는 것만으로는 해결책이 될 수 없는지, 이번 장을 통해 독자 여러분들이 반드시 이해하고 넘어갔으면 한다.

안압이 정상이어도 실명까지 갈 수 있다

2019년 5월에 설립된 도쿄의과치과대학 첨단근시센터에는 근시가 특히 심한 성인과 아동·청소년이 하루에 80명 정도 방문한다. 일본 각지의 안과에서 근시에 특화된 치료가 필요하다는 진단이 내려져 의사의 소견서를 들고 센터를 찾아오는 이들이다.

이 센터에서 치료를 받고 있는 40대 여성 구니에다 리사 씨가 인터뷰에 응해 주었다. 구니에다 씨는 어렸을 때부터 근시였는데, 30대 후반에 갑자기 다시 진행이 시작되어 시력이 양쪽 모두 0.01까지 떨어졌다.

"콘택트렌즈를 껴서 시력을 교정하면 일상생활에는 아무 불편함이 없었기 때문에, 그렇게 심각하게 생각해 본 적은 없었어요. 전문적인 진료를 받아볼까 싶다가도 자각증상이 딱히 없었기 때문에 그냥 미뤄왔던 것 같아요."

근시 때문에 정밀 검사를 받아봐야겠다고 생각하는 사람은 많지 않다. 하지만 구니에다 씨의 경우, 시력 저하뿐만 아니라 자신도 모르는 새 '시야 결손(한쪽이나 양쪽 눈의 정상 시야의 일부를 잃는 것-옮긴이)'도 함께 진행되고 있었다. 오른쪽 눈의 시야를 60퍼센트나 잃고 나서야 그 사실을 알게 된 것이다.

근시인데 도대체 왜 시야 결손까지 가게 된 것일까? 구니에다 씨의 경우는 녹내장이 그 원인이었다. 녹내장은 안축장이 늘어나는 축성근시로 인해 발병할 수 있는 근시 관련 합병증 중 하나다.

녹내장이란 안구 안쪽의 망막에서 받아들인 빛의 정보를 전기 신호로 전환하여 뇌에 전달하기 위한 '시신경'이라는 기관에 장애가 생겨, 보이는 범위(시야)가 서서히 좁아지는 병이다. 한번 잃어버린 시야는 다시 원래대로 회복될 수 없으며, 최악의 경우 실명에까지 이른다.

보이는 범위가 좁아지는 상황이 온다면 바로 알아챌 수 있을 것이라고 사람들은 흔히들 생각한다. 그러나 녹내장은 증상이 아주 천천히 나빠지는 경우가 대부분이기 때문에 중기나 말기가 될 때까지 전혀 눈치채지 못하는 환자들도 많다고 한다.

녹내장의 원인 중 하나로 안압(안구 내의 압력)의 상승이 있다. 안압이 상승하면 안구가 딱딱해져 그에 인접한 부드러운 시신경을 압박하여 눌리고 틀어지면서 손상을 입게 되는 것이다.

하지만 검사 결과 구니에다 씨의 안압은 양쪽 모두 정상 범위 안에 있었다. 반면에 안축이 33밀리미터까지 늘어나 있

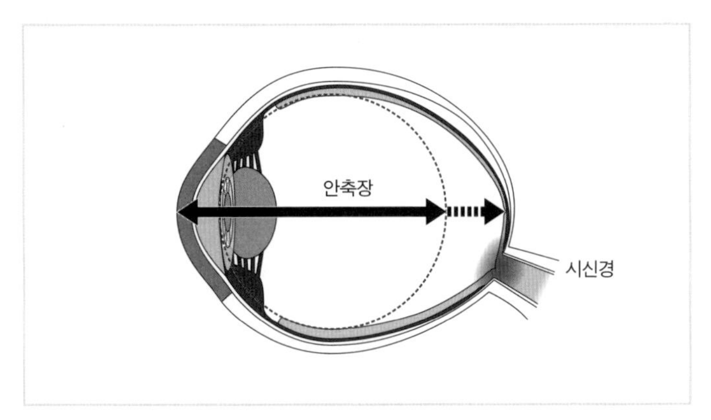

[자료 3-1] 안축장이 늘어나면 시신경이 눌려 손상을 입는다.

음을 알게 되었다. 성인 평균인 24밀리미터와 비교했을 때 대단히 큰 수치이다. 구니에다 씨의 경우, 과도하게 늘어난 안축이 녹내장 발병 위험을 크게 증가시켰던 것이다.

구니에다 씨는 정원을 설계하는 디자이너다. 시야 결손은 일을 할 때도 아주 큰 영향을 준다. 구니에다 씨는 도면 전체를 항상 손으로 직접 그린다. 의뢰인의 요구를 하나하나 세세히 반영하여 의뢰인이 만족할 수 있는 설계를 해온 그는 업계에서 호평을 받고 있었다. 그런데 디자이너인 그에게 눈의 장애가 미치는 영향은 실로 엄청난 것이었다.

"평소에 간단히 작업하던 것들도 이제는 시간이 2배, 3배씩 들어가니까요. 굉장히 초조하죠. 자동차 운전하는 게 취미였는데, 그것도 이제는 못 하게 되었고요."

현재 오른쪽 눈뿐만 아니라 왼쪽 눈의 시야 결손도 진행되고 있어, 구니에다 씨는 주치의와 상의 끝에 수술을 받기로 했다. 정상 범위이기는 하지만 조금 더 안압을 낮춰 시신경이 안축장의 영향을 조금이라도 덜 받도록 하기 위한 수술이었다. 우리 취재팀이 구니에다 씨를 인터뷰한 뒤 2년이 지난 지금은 다행히 수술이 좋은 효과를 보여 시야 결손은 더 이상 진행되지 않는 상태라고 한다.

안질환의 위험도가 증가한다

시야가 점차 좁아지는 시야 결손 외에도, 근시는 실명을 초래할 수 있는 각종 안질환의 위험도를 크게 높인다는 사실이 그간의 연구들을 통해 밝혀졌다.

그 대표적인 예가 안구에서 렌즈의 역할을 담당하는 수정체가 탁해져서 시력이 저하되는 백내장이다. 특히 근시의 경우에는 수정체의 중심이 탁해지는 '핵 백내장'의 발병이 가장 많다는 보고가 있다. 그리고 안구에서 스크린 역할을 담당하는 망막이 벗겨져 실명에 이를 수도 있는 망막박리가 있다. 각각의 안질환들이 근시로 인해 실제로 어느 정도로 위험도가 증가하는지는 현재도 연구가 진행되고 있는데, 참고가 될 만한 수치를 한번 살펴보자. 역학 연구의 결과들을 정리한 논문에 따르면, 강도근시의 경우 다음과 같은 수치가 발표되어 있다.

- 녹내장: 3.3배
- 백내장: 5.5배
- 망막박리: 21.5배

이들 수치는 '교차비'라 불리는 통계상의 척도로, 이 경우 강도근시가 다양한 질환의 발병에 영향을 미치는 정도를 나타낸다.

녹내장을 예로 들어 조금 더 구체적으로 설명해 보자. 녹내장에 걸린 환자 그룹 내에서 '근시가 아닌 사람의 수'에 대한 '강도근시인 사람의 수'의 비율을 계산한다. 또한, 녹내장에 걸리지 않은 일반인 그룹 내에서도 이와 똑같은 비율을 계산한다. 이렇게 해서 두 그룹의 값을 서로 비교한 것이 '교차비'이며, 녹내장의 경우 3.3배라는 결과를 얻었다.

만약 '녹내장 발병함/발병하지 않음'의 두 그룹 내에서 '강도근시임/근시가 아님'의 비율이 똑같았다면 교차비는 1배

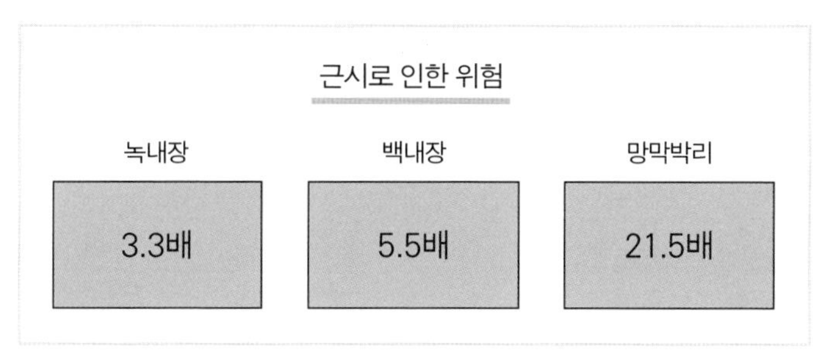

[자료 3-2] 강도근시에 의한 합병증의 위험(교차비)
(출처: Flitcroft(2012))

가 된다. 교차비가 1배라면 녹내장 발병에 강도근시가 특별히 영향을 미치지 않는다는 의미이다. 그러나 이 논문을 통해 발표된 수치는 3.3배였다. 다시 말해, 강도근시가 녹내장 발병의 위험을 증가시킨다고 확실하게 말할 수 있다는 것이다.[1] 백내장은 5.5배, 망막박리는 21.5배로 이들 질환은 녹내장보다도 근시의 영향이 더 크게 미치고 있음을 알 수 있다.

여기서 또 한 가지 흥미로운 점은, 이 수치들은 강도근시에 한정되지 않고 중등도와 약도근시에서도 1보다 큰 수치를 보인다는 것이다.[2]

이 수치들은 우리 모두에게 시사하는 메시지가 대단히 큰 연구 성과라고 생각한다. 첫 번째 메시지는, **'약도·중등도 근시라 해도 근시는 모두 실명을 초래할 수도 있는 안질환의 위험에 노출되어 있다'**는 근시의 위험성에 대한 경고다.

두 번째 메시지는, **'근시가 강도로 진행될수록 수치가 상승하며 발병 위험이 증가하니, 근시가 이미 시작되었다 해도 그 진행을 조금이라도 더 늦추는 것이 매우 중요하다'**는 근시 대책의 중요성에 대한 경고다.

물론 근시인 사람이 모두 실명하는 것도 아니고, 숫자로 따지자면 극히 일부에게만 일어나는 일이다. 그러나 관련 질환에 걸릴 위험이 증가할 가능성이 있고, 근시가 진행될수록 더욱더 그 위험도가 커진다는 사실은 우리 모두가 반드시 알아두어야 할 중요한 정보다.

또한 근시 대책이 가장 큰 효과를 볼 수 있는 초·중·고등학생 나이에 왜 반드시 손을 써두어야만 하는 것인지, 왜 이 골든 타임을 놓치면 안 되는지 그 답이 이 숫자 안에 있다.

특히 녹내장은 일본인의 중도 실명(후천적 실명) 원인 중 1위를 차지하고 있다. 역학조사에 따르면 40세 이상에서 20명 중 1명, 60세 이상에서 10명 중 1명꼴로 발병한다고 한다. 앞서 이야기했듯이, 세계적으로 보면 안압의 상승으로 시신경이 손상을 입어 녹내장이 되는 것이 일반적이다. 그러나 일본의 경우에는 안압이 정상 범위 내에 있는데도 불구하고 녹내장이 발병하는 '정상 안압 녹내장'이 상대적으로 많다는 보고가 있다. 그 원인은 아직 밝혀지지 않았다. 그러나 안축장의

과도한 늘어남이 녹내장을 유발하는 하나의 원인으로 작용하는 것은 분명한 사실이다.

합병증 위험이 높은 강도근시

일본근시학회에서는 강도근시를 '굴절도수 -6.0디옵터 이상으로 진행된 근시'라 정의하고 있다. 굴절도수라는 것은 말하자면 '망막보다 얼마만큼 앞이나 뒤에서 초점이 맞는지'를 나타내는 수치다. 이 수치가 마이너스라면 망막보다 앞쪽(근시)에, 플러스라면 망막보다 뒤쪽(원시)에서 초점이 잡힌다는 것을 뜻한다. 이 수치가 작아질수록 초점의 위치가 망막에서 점점 더 먼 앞쪽으로 맺히게 되어 강도근시로 진행하게 된다.

손가락 하나로 지금 바로 손쉽게 강도근시를 자가진단할 수 있는 방법이 있어 소개하고자 한다. 우선 손가락을 최대한 눈에서 멀리 떨어뜨려 놓고 지문을 바라본다. 그 상태에서 서서히 손가락을 가까이 가져오면서 지문이 또렷하게 보이기 시작한 지점까지의 거리를 측정한다.

만약 이 **거리가 16센티미터 이하라면 주의**해야 한다. 단, 측정된 거리가 16센티미터보다 길다고 해서 합병증의 위험이 없다는 의미는 아니라는 것을 명심해야 한다. 자신의 눈이 근시라면 이 자가진단 결과와는 상관없이 정기적인 안과 검진을 통해 꾸준히 관리해나가는 것이 가장 좋다는 사실에는 변함이 없다.

강도근시는 합병증의 위험이 높아 특별히 많은 주의를 요한다. WHO가 근시를 세계적 유행으로 정의하고 '공중위생상의 위기'라 경고하고 있는 이유도 앞서 말한 다양한 합병증의 위험 때문이다. 특히나 강도근시라면 그 위험은 한층 더 커진다. 근시 인구가 대폭 증가하면 강도근시 인구 또한 이에 비례하여 증가할 것이고, 결국에는 각종 합병증에 의한 실명자 수도 증가하는 결과로 이어질 수 있음을 WHO는 우려하는 것이다.

근시가 특히 빠르게 진행되는 시기는 신체의 성장이 두드러지는 20세 전후까지이다. 근시가 빨리 시작되면 그만큼 최종적으로 도달하는 근시 도수 또한 악화될 가능성이 높아진다. 근시 인구, 강도근시의 비율, 합병증에 의한 실명자 수를 줄이기 위해서는 조기 대처가 반드시 필요하다는 것이 전 세계 전문가들의 중론이다.

눈이 병들면 마음도 병든다

취재를 이어가는 동안 우리는 눈의 기능 저하가 예상외의 질병을 유발할 수 있는 가능성도 있다는 사실을 알게 되었다.

도쿄의과치과대학 첨단근시센터에서 통원 치료를 받고 있는 강도근시 환자들을 대상으로 조사해 보니, 지금 당장은 그리 큰 폭의 시력 저하를 보이지 않는 환자인데도 언제 어떻게 시각 기능에 문제가 생길지 모른다는 막연한 불안감에서부터 심하게는 우울증과 불안장애까지 일으키는 경우가 매우 많았다고 한다.[3]

근시의 진행이 뇌와 신체의 각종 질병에 미치는 영향은 이

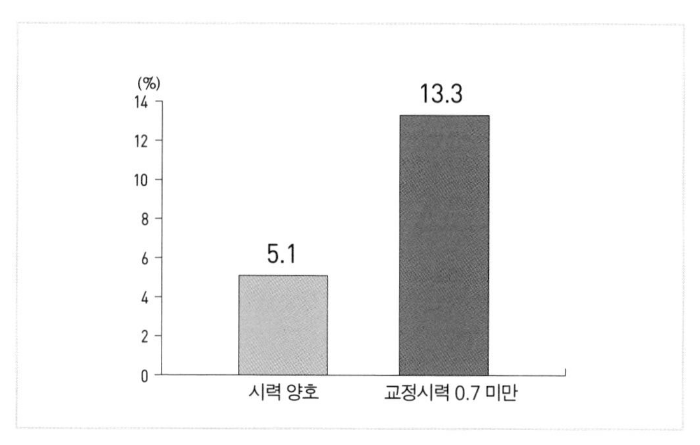

[자료 3-3] 시력에 따른 치매(의심)의 비율
(출처: Mine et al.(2016))

제야 막 연구되기 시작한 실정이다. 지금까지 '안경을 써서 교정하면 된다'고만 했던 근시에 대한 잘못된 상식이 비로소 바로잡히는 중이다.

눈의 기능 저하는 만병의 근원

직접적으로 근시에 관한 연구는 아니지만, 눈의 기능 저하가 우리 삶에 얼마나 큰 영향을 미치는지를 연구한 논문도 있다. 시력 저하가 건강에 미치는 영향을 연구하고 있는 나라현립 대학교 의과대학 안과학 교실의 오가타 나오코 교수의 이야기를 들어보자.

"뇌가 얻는 정보의 80퍼센트 정도가 눈을 통해 들어오는 정보라고 합니다. 그러니 눈의 기능이 저하되어 그로부터 얻는 정보의 양이 줄어들면, 뇌가 받게 되는 자극 또한 줄어들게 되어 있죠. 그렇게 되면 뇌의 기능도 함께 저하되어 버립니다. 그 결과 우리 몸 전체에 부정적인 영향이 미치게 되는 것이고요. 그야말로 악순환이 시작되는 거죠. 눈의 기능 저하는 실로 '만병의 근원'이라 말할 수 있습니다."

오가타 씨의 '후지와라쿄 아이 스터디藤原京 Eye Study' 연구팀은 10년이 넘는 기간 동안 고령자를 대상으로 하여 건강 상태와 인지기능 등 400가지 이상의 항목에 대한 상세한 역학 조사를 실시하고 있다.

약 3천 명을 대상으로 한 이 조사를 통해 시력 저하에 의해 인지증(치매)이 의심되는 환자의 비율이 늘어난다는 사실이 밝혀졌다. 인지기능을 테스트한 점수를 분석한 결과, 시력이 양호한 그룹에서는 인지증이 의심되는 환자가 5.1퍼센트에 그친 데 비해, 교정을 해도 시력 0.7 미만이었던 그룹에서는 인지증 의심 환자가 13.3퍼센트로 2.6배나 더 많았던 것이다.[4]

이 조사는 눈의 기능 저하가 뇌에 미치는 영향이 얼마나 지대한가를 말해준다. 또한 오가타 씨의 연구팀에서는 현재 눈의 기능과 신체 리듬의 관계에 대한 연구도 진행하고 있다.

눈의 기능이 저하되면 빛을 감지하는 능력이 저하되고, 그 결과 뇌내와 체내의 리듬을 조절하는 기능 또한 함께 저하된다고 한다. 이 연구는 눈의 기능 저하가 동맥경화나 심근경색 등 이제껏 우리가 생각해왔던 것보다 훨씬 많은 악영향을 우리 몸에 미칠 수 있음을 밝히고 있다.

눈을 통해 들어오는 빛의 정보들이 우리의 삶과 건강을 크게 좌우한다는 사실은 평소에는 너무나도 당연하여 좀처럼 실감하지 못한다. 그러나 이를 잃게 되었을 때 비로소 우리는 그 소중함을 깨닫게 된다.

근시 증가는 국가적 위기다

또 하나의 흥미로운 보고서가 있다. 일본안과의회가 2009년에 '시각장애에 의해 어느 정도의 사회적 손실이 발생하는가'를 추정해 보았다.[5] 일본 내의 대규모 역학연구와 국세 조사 등의 데이터를 바탕으로 시각장애로 인해 발생하는 의료비 및 간병비, 생산성의 손실 등을 추산했다. 이때 '시각장애'는 안경 등으로 교정해도 시력이 더 좋은 쪽 눈이 0.5에 못 미치는 경우를 의미한다.

2007년 당시 약 164만 명으로 추정되었던 시각장애 인구가 지불한 사회적 비용은 과연 얼마나 될까? 보고서에 따르면, 시각장애에 따른 사회적 비용 부담은 총 8조 7,854억 엔에 달했다. 논문은 2030년 시각장애 인구가 약 200만 명까지 증가할 것이라고 예측하고 있으며, 시각장애에 따른 손실 또한 현재는 위의 액수보다 훨씬 더 증가했을 가능성이 높다.

'시각장애'의 범위를 넓혀 보면 병존질환을 가진 환자는 약 80퍼센트까지 증가하는데, 그 대표적인 예로 고혈압(32퍼센트), 심장 질환(14퍼센트), 갑상선 질환(10퍼센트), 암(8퍼센트) 등이 있다. 또한 앞서 설명했듯 후천적인 눈 기능 저하는 정신적으로도 큰 부담을 주게 되는데, 시력 장애를 가진 환자 중 33퍼센트가 우울증을 함께 앓고 있다는 보고도 있다.[6]

시각장애를 일으키는 주된 원인에는 '가령加齡 황반변성', '백내장', '당뇨병 망막증', '녹내장', '병적근시' 등이 있다. 백내장과 녹내장은 안축장의 늘어남에 의해 위험도가 상승한다는 점을 생각하면, 근시도 시각장애의 간접적인 위험 요인으로 작용함이 분명해진다.

이처럼 후천적인 눈 기능의 저하는 개인적으로 삶의 질을 크게 떨어뜨릴 뿐만 아니라, 사회적으로도 매우 커다란 손실을 발생시킨다는 사실이 많은 연구를 통해서도 명백해졌다.

이에 따라, 세계에서도 근시 인구 비율이 특히 높은 동아시아에서는 중국, 대만, 싱가포르 등에서 근시 증가 문제를 '국가적 위기'로 보고 적극적인 대책 마련에 나서고 있다. 반면에 일본에서는 아직 국가 차원에서 대책이 추진되고 있다고 말하기는 힘들다. 2장에서 소개한 문부과학성의 대규모 조사를 계기로 하여, 정부 차원의 대책이 조속히 마련되어 적극적으로 추진될 수 있기를 기대해 본다.

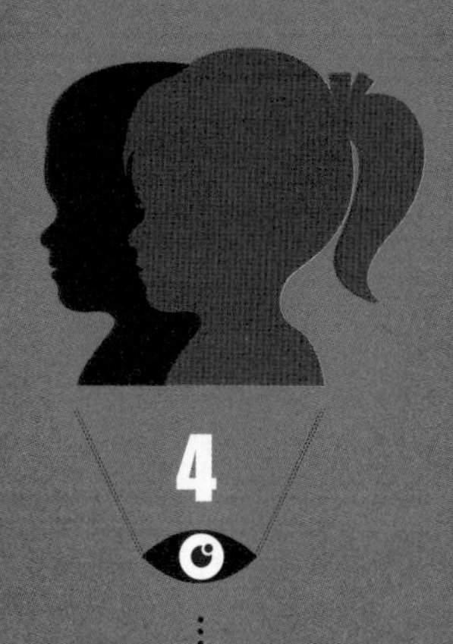

4

내 아이를 위한 눈 생활습관

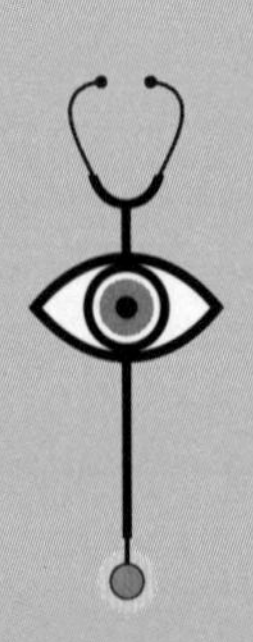

세계 각국의 연구들을 통해 근시의 위험성이 수면 위로 부상했다. 이러한 위험성에 우리는 어떻게 대응해 나가야 할까? 이번 장에서는 그간 세계 각국에서 실시한 연구 중 효과가 증명된 근시 대책들을 소개하고자 한다.

근시(축성근시)는 본래 '안구의 안쪽 길이가 늘어나 있는 상태' 그 자체를 가리키는데, **예방 및 치료가 가능하다는 점에서 근시를 '질병'의 일종으로 보는 견해**도 최근에는 늘어나고 있다. 이러한 치료법 중에는 일본 내에서 아직 보험 적용이 안 되는 것들도 있지만, '조도의 적정 기준'이나 '20·20·20 법칙' 등 실생활에 바로 적용할 수 있는 근시 예방법들도 있다. 독자분들이 부디 이 예방법을 잘 기억해 두고 일상 속에서 실천해 나가길 바란다.

근시의 진행을 억제하는 안약의 발견

현시점에서 근시 진행을 늦추는 데 가장 효과적인 치료법으로 평가받고 있는 것은 '저농도 아트로핀 점안액'의 사용이다. 이 치료법의 발견은 근시를 연구하는 전문가들에게 커다란 충격을 안겨주었다. **근시를 약으로 치료할 수 있다는 사실이 최초로 증명**되었기 때문이다. 이 연구를 시작으로, 다른 근시 치료법들의 효과도 본격적으로 속속 밝혀지게 된다.

저농도 아트로핀의 실용화 가능성이 제기된 것은 2012년, 싱가포르에서 실시한 대규모 연구를 통해서였다. 근시 대책 연구가 이렇게 진지하게 이루어지게 된 것이 생각보다 그리 오래 지나지 않았음을 다시 한번 실감하게 되는 부분이다.

아트로핀이 근시에 효과가 있다는 사실 자체는 훨씬 이전부터 알려져 있었다. 1989년 대만에서 실시한 연구에서도 아트로핀을 사용한 안약으로 아동의 근시 진행 속도를 늦출 수 있다는 사실이 확인된 바 있다. 그러나 문제는 아트로핀의 부작용이었다. 연구 참가자 247명 중 절반 이상인 151명이 중도에 포기해버린 것이다. 해당 논문을 조사해 보니, 가장 큰 원인이 극심한 '눈부심'이었다.[1]

이 증상은 아트로핀의 원료가 되는 벨라돈나Belladonna와

관계가 있다. 이탈리아어로 '아름다운 여인'을 뜻하는 벨라돈나라는 약초는 인체에 들어오면 동공이 열리고 눈동자가 커진다. 때문에 아트로핀을 사용한 피험자들은 근시 억제 효과뿐만 아니라 동공이 장시간 열려있는 부작용까지 함께 겪게 되었고, 극심한 눈부심으로 일상생활에 지장이 생겨 결국에는 다수가 임상실험을 중도 포기하기에 이른 것이다.

이 외에도 아트로핀에는 수정체의 조절기능을 일시적으로 마비시키는 조절마비약(굴절도수를 정확히 측정하기 위해 사용하는 약, 2장 참고)의 효과도 있어, 오랫동안 대다수 전문가들은 부작용이 큰 아트로핀을 실제로 근시 치료용으로 사용하는 것은 불가능하다고 생각해 왔다.

하지만 이러한 기존의 인식은 앞서 말한 2012년 싱가포르의 연구로부터 큰 전환기를 맞게 된다. 싱가포르는 세계에서 근시 인구 비율이 가장 높은 나라 중 하나인데, 20세 이하에서 무려 80퍼센트 이상이 근시라고 한다. 이에 싱가포르는 근시 대책 연구의 중요한 거점으로서 국립안과센터를 설립하였다.

이 기관에서 실시한 연구가 바로 400명의 피험자를 대상으로 이루어진, 'ATOM2'라 불리는 아트로핀 연구였다. 하루 한 번 취침 전에 아트로핀 점안액을 사용하도록 하는 실험으로, 이 연구에 싱가포르 정부는 150억 엔 이상을 투입하였다.

이 연구가 새로운 근시 치료법의 대발견으로 이어진 계기는 1989년에 대만의 실험에서 1퍼센트로 희석하여 사용했던 아트로핀의 농도를 100배나 더 낮춘 데 있었다. 이 정도로 묽게 희석하면 기존의 문제점이었던 동공 확장과 조절기능 마비 증상도 거의 나타나지 않게 된다.

처음에는 이 연구를 담당했던 연구자들조차 '농도가 낮으면 어차피 근시에는 도움이 안 될 테니 효과는 기대하지 말고, 고농도 아트로핀과 비교하는 용도로 아주 묽은 아트로핀액을 만들어 보자'는 생각으로 시작한 것이라고 한다.

그런데 여기서 모두의 예상을 뒤엎는 결과가 나왔다. 부작용만 없어지는 것이 아니라 긍정적인 효과까지 사라질 정도로 아주 묽게 희석하여 사용했는데도 아트로핀액의 근시 억제 효과는 계속 남아있음이 확인된 것이다. 과학 연구 분야에서 일어나는 세렌디피티serendipity(완전한 우연으로부터 중대한 발견이나 발명이 이루어지는 것-옮긴이)의 한 사례로 일컬어질 만하다.

이 연구에서는 근시의 진행을 나타내는 '굴절도수'가 효과 여부를 판단하는 지표로 사용되었다. 아트로핀 미사용 그룹은 3년 동안 1.6디옵터 악화된 데 반해, 아트로핀을 사용한 그룹은 5년 동안 평균 1.4디옵터 악화되었다. 미사용 그룹보

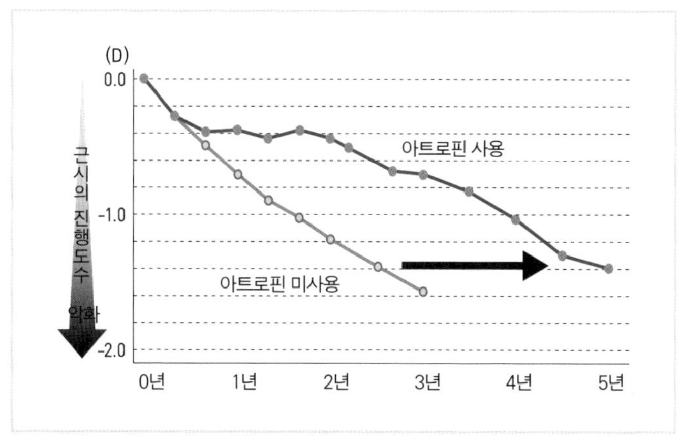

[자료 4-1] 아트로핀 사용, 미사용 그룹별 근시 악화 속도
(출처: Chia A et al.(2016))

다 2년이나 더 지났는데도 근시 진행 도수는 더 적었다는 말이 된다.[2]

'일시적으로 근시 진행 속도를 늦춘다 해도 천천히 나빠질 뿐이지 결국 나중에는 비슷하게 눈이 나빠지는 것 아닌가?'라는 의문이 들 수 있다. 하지만 2장의 내용을 상기해 보자. 일반적으로 안축장은 20~25세를 전후로 하여 더 이상 늘어나지 않게 된다.

즉 **근시 치료법을 시행하여 진행 속도를 늦출 수 있다면, 아무것도 하지 않을 때에 비해 최종적으로 도달하는 도수가 덜 낮아질 가능성이 높다.** 근시의 진행 자체를 완전히 막을 수는 없다 해도, 진행을 늦춰주는 것만으로도 심각한 강도근시 인구의 수를 줄이는 것은 가능하다는 것이다.

우리는 싱가포르 국립안과센터에서 치료를 받고 있다는 한 초등학교 여학생의 어머니를 취재했다. 아이의 눈은 지난 3~4년 사이 빠르게 나빠지다가 아트로핀 점안액 치료를 받고부터는 근시 진행이 거의 멈춘 상태라고 했다. 그러나 아트로핀에 관한 연구는 아직도 현재 진행형이다.

- 굴절도수뿐만 아니라 안축장의 신장 또한 확실히 억제할 수 있는지?
- 인종에 따라 효과가 다르게 나타나지는 않는지?
- 초 저농도로 희석 시 부작용만 사라지고 근시 억제 효과는 지속되는 이유가 무엇인지?

이외에도 아직 확실히 규명해야 하는 문제들이 많이 남아 있지만, 그럼에도 저농도 아트로핀의 연구 개발은 현재 전 세계가 가장 주목하고 기대하고 있는 근시 대책 분야임에 틀림없다.

저농도 아트로핀의 효과

일본에서도 아트로핀의 효과를 확인하기 위한 대규모 연구가 실시되었다. ATOM-J Study 연구로, 근시 아동·청소년을 대상으로 한 0.01퍼센트 아트로핀 점안제의 근시 진행 억제 효과에 관한 연구였다. 교토부립의과대학병원을 중심으로 전국의 7개 대학병원이 협력하여 연구를 진행하였다. 6~12세 어린이 168명을 대상으로, 아트로핀 사용(취침 전 하루 한 번) 그룹/미사용 그룹으로 나누어 근시의 진행(굴절도수·안축장의 길이)에 차이를 보이는지 검증하였다.

그 결과, 아트로핀 미사용 그룹이 2년 후 굴절도수 1.48디옵터가 악화되고 안축장이 0.77밀리미터 늘어난 데 반해 아트로핀 사용 그룹은 굴절도수 1.26디옵터가 악화되고 안축장이 0.63밀리미터 늘어났다. 통계적으로 유의미한 근시 진행 억제효과를 보인다는 결론에 도달했다.[3]

일본인에게도 저농도 아트로핀 점안액이 근시 진행을 억제하는 데 과학적으로 효과가 있다는 것을 증명해낸 것은 매우 의미 있는 첫걸음이다. 한편으로 싱가포르의 ATOM2 연구만큼은 효과가 나지 않을 가능성 또한 시사된 결론이었다. 또한 아트로핀 점안액을 사용한다 해서 모든 이에게 효과가 있다고는 아직 장담할 수 없다. 일본인을 대상으로 한 아트로핀 연구도 차후 더 많은 데이터를 축적하여 계속해서 연구가 진행될 것이다.

현재 일본 내에서 저농도 아트로핀을 사용한 안약은 보험이 적용되지 않아 자유 진료를 받아야 한다. 약의 사용 방법이나 가격 등은 의료기관에 따라 제각각인데, 보통은 부작용이 나타나지 않는지 검사한 뒤에 안전하다고 생각되면 처방한다. 점안액 1병의 가격이 3천 엔 정도(5밀리리터, 1개월 분)이며, 부작용 검사 등을 포함해 대략 수천 엔에서 1만 엔 정도가 든다. 한편 신약 개발을 위한 임상실험도 현재 진행되고 있어, 결과에 따라서는 의료보험이 적용된 아트로핀 안약을 안과에서 근시 치료 목적으로 처방받을 수 있는 날이 곧 올지도 모른다.

드림렌즈, 가장 확실한 치료법

저농도 아트로핀 점안액과 더불어, 일명 '드림렌즈' 혹은 'OK렌즈'라고도 불리는 '각막 굴절 교정술Orthokeratology'이라는 치료법이 최근에는 근시 치료에 일반적으로 사용되고 있다. 각막 굴절 교정술이란 취침 중에 특수한 콘택트렌즈를 착용함으로써 시력을 개선하고 근시의 진행을 억제하는 치료법으로, 요즘 가장 널리 효과가 검증된 근시 치료법 중 하나라 해도 과언이 아니다. 물론 '치료'라고 하는 것은 어디까지나 시력 교정과 근시 진행을 늦추는 효과를 의미하는 것이며, 재차 강조하지만 일단 한번 늘어난 안축장이 다시 줄어드는 것은 절대 불가능하다.

각막 굴절 교정술 전용의 콘택트렌즈를 잠들기 전에 착용하면 자는 동안에 눈 표면에 해당하는 '각막' 부분의 형태를 이 렌즈가 조금씩 변형시킨다. 심각하지 않은 정도의 근시라면 렌즈를 빼고 나서도 하루 종일 안경이나 콘택트렌즈 없이도 먼 곳까지 잘 보이게 된다. 이 치료법은 산소가 투과하기 쉬운 렌즈 소재의 개발과 함께 보급되기 시작하여, 2002년에 미국 FDA의 승인을 받았다. 이후 전 세계에 널리 보급되어 근시 치료에 사용되고 있다.

효과를 검증한 논문들도 다수 발표되었는데, 이들 논문을 종합하여 분석한 보고서에 따르면 근시 진행 억제효과의 확실성이 가장 높은 수준에 도달해 있다고 한다.[4] 또 이제까지 발표된 논문들에 기초하여 그 효과를 살펴보면, 근시의 가장 큰 원인으로 지목되는 안축장의 늘어남을 2년간 30~60퍼센

트 정도로 대폭 줄일 수 있다고 한다.[5]

도쿄의과치과대학 첨단근시센터에서 아동 근시 예방 전문의로서 연구와 치료를 담당하고 있는 이가라시 다에 씨의 설명에 따르면, 이 특수렌즈를 착용하기 시작하면 각막의 모양이 점차 변해 눈 안으로 근시의 진행을 억제해주는 빛이 들어올 수 있게 되기 때문에, 억제 효과가 매우 빨리 나타난다는 특징이 있다. 또한 효과의 개인차가 다른 치료법들에 비해 적다는 장점이 있어, 이 특수렌즈로 치료를 받는 이들이 최근 많이 늘었다고 한다.

각막 굴절 교정술은 근시 진행을 억제하는 원리에 있어서 저농도 아트로핀과는 완전히 다르다. 그렇기 때문에 2가지를 병용함으로써 각기 다른 메커니즘으로 근시를 억제할 수 있어, 더욱 큰 효과를 얻을 수 있을 것으로 기대된다.

그러나 누구나 쉽게 할 수 있는 치료법이라고 말하기는 힘든 이유가 바로 비용 때문이다. 각막 굴절 교정술은 보험 적용 제외 대상이어서 아무래도 가격이 비싼 편이다. 의료기관마다 차이가 있기는 하지만, 1주일간 시험 착용하는 데에만 수만 엔이 든다. 본격적으로 사용하기 시작하면 내 눈에 맞춰진 전용 렌즈 값에다 진료 및 검사비, 점안액 처방비용까지 다 합쳐 연간 한쪽 눈에 10만 엔, 양쪽 눈 모두 하면 15만 엔 정도가 들어간다. 2년째부터는 정기적인 진료도 받아야 하는데, 이렇게 하면 대략 연간 수만 엔씩 고정적으로 지출해야 하는 셈이다. 게다가 렌즈 파손이나 분실, 혹은 수명이 다한 경우에 렌즈를 교환하게 되면 한 개당 수만 엔이 또 들어간다.

그리고 비용과는 상관없이 이 치료법을 적용할 수 없는 이들도 있다. 이미 근시가 강도로 진행되어버린 눈이나, 심한 난시와 원시, 각결막 감염증, 중증 안구건조가 있는 눈 등에는 각막 굴절 교정술로 좋은 효과를 보기는 힘들다. 새삼스레 강조할 필요도 없겠지만, 만약 독자 여러분이 각막 굴절 교정술을 고려하고 있다면 반드시 안과의와 충분히 상의하여 안전성과 효과를 기대할 수 있는 경우에 한해서 치료를 결정해야 할 것이다.

어찌 되었든 이제껏 치료가 불가능하다 여겼던 근시 진행에 대항할 수 있는 선택지들이 존재한다는 사실만으로도 많은 이들에게, 특히 근시 아이를 가진 부모들에게는 희소식이 아닐 수 없다.

혁신적인 신기술의 DIMS렌즈

최근 근시 진행을 효과적으로 억제할 수 있는 획기적인 특수 렌즈가 개발되어 전 세계가 주목하고 있다. 우리 취재팀이 인터뷰했던 많은 전문가들 또한 이 새로운 렌즈에 지대한 관심과 기대를 가지고 있었다.

이 특수렌즈는 DIMS Defocus Incorporated Multiple Segments 렌즈로 홍콩이공대학과 한 렌즈 제조 기업이 공동개발한 것이다. DIMS렌즈는 동공 중심부를 에워싸듯이 '멀티플 렌즈 세그먼트multipel lens segments'라 불리는 직경 약 1밀리미터 정도의 작은 렌즈 400여 개가 배치되어 있는 것이 특징이다. 이 렌즈는 플러스 도수를 가진 렌즈로, 돋보기에 사용되는 렌즈와 같은 작용을 한다.

8~13세 아동 160명을 대상으로 한 연구에 따르면, DIMS 렌즈를 착용한 아이들은 일반 렌즈(단초점 렌즈를 사용한 안경)를 착용한 아이들에 비해 2년간의 안축장 신장률이 60퍼센트나 줄어드는 놀라운 효과를 보였다. 아무런 예방책을 시행하지 않은 아이들에 비해 절반 이하로만 안축장이 늘어났다는 것이다. 또한 2년 동안 근시가 전혀 진행되지 않은 아동의 비율이 일반 렌즈를 착용한 경우에 7.4퍼센트였던 데 반해,

DIMS렌즈를 착용한 경우에는 21.5퍼센트였다는 연구 결과도 보고되어 있다. 이 보고서는 세계의 많은 전문가들을 놀라게 했다.[6]

대상자와 인종 등을 달리했을 때의 효과와 메커니즘의 상세한 규명 등 앞으로 더 많은 관련 연구들이 기대되는 상황인데, 이미 홍콩과 중국에서는 앞의 연구를 바탕으로 하여 2018년부터 DIMS렌즈를 사용한 안경을 시판하고 있다. 일본 내에서 DIMS렌즈 안경을 사용할 수 있게 되기까지는 조금 더 시간이 걸릴 것으로 보이지만, 근시 억제의 새로운 대책 중 하나로서 앞으로의 동향을 예의주시해야 할 것이다.

DIMS렌즈와 비슷한 원리를 가진 1일 착용 콘택트렌즈에 대해서도 현재 연구가 진행되고 있다. 스페인의 초등학생 89명을 대상으로 실시한 실험에서 일반 콘택트렌즈(단초점 콘택트렌즈)와 비교해 안축장 길이가 2년간 36퍼센트 덜 늘어났다는 보고가 있다. 그러나 이 렌즈도 DIMS렌즈와 마찬가지로 아직 일본 내에서는 판매되지 않고 있다.[7]

현재 일본 내 구입 가능하면서 근시 진행 억제를 기대할 수 있는 렌즈는 '누진 굴절력 렌즈'가 있다. 성인의 안정피로 예방에도 높은 효과를 보인다. DIMS렌즈만큼 복잡한 구조가 아니어서, 안과의의 처방이 있으면 안경 판매점에서 쉽게 구입할 수 있다. 이 렌즈에 대해서는 5장에서 자세히 설명하기로 한다.

세계에서 유일하게 근시 아동이 감소한 대만

앞서 말한 싱가포르와 같이 근시 대책에 큰 힘을 쏟고 있는 나라가 대만이다. 오늘날과 같은 초 근시 시대에 **대만은 세계에서 유일하게 근시 아동의 비율을 줄이는 데 성공**한 나라다. 그러나 수도인 타이베이에서 역 근처 대로를 촬영해 보니, 거리에는 온통 안경 쓴 사람들로 가득 차 있었다. 이렇게 높은 근시율 속에서 대만 정부는 어떠한 대책을 시행하고 있을까. 우리 취재팀은 대만의 근시 대책 프로젝트 담당자 중 한 명인 가오슝 시 장경기념의원 안과계 주임 우페이창 씨를 찾아갔다.

우 씨는 근시 예방 연구의 세계적인 선두주자로, 대만 정부의 근시 예방 정책에 대한 자문 역할을 하는 안과 의사다. 우 씨는 우리에게 100만 명의 초등학생을 대상으로 한 통계조사를 보여주었는데, 시력불량(시력 0.8 이하)인 아동의 비율이 2001년에 34.8퍼센트였던 것이 계속 증가하여 2011년에는

50.0퍼센트까지 치솟아 있었다. 일본은 2019년도의 통계에서 시력 1.0 미만인 아동의 비율이 약 35퍼센트였는데, 이와 비교해 보면 대만이 얼마나 심각한 상황에 놓여있는지를 잘 알 수 있다.

그러나 어떤 정책을 계기로 하여 시력불량인 아동의 수가 감소세로 돌아섰는데, **2020년 조사 결과 44.3퍼센트로 10년 만에 5퍼센트 이상 감소**한 것으로 나타났다. 우 씨의 보고서는 세계 각국의 전문가들에게 경탄을 불러일으켰다. 그 정책은 누구나 할 수 있고 지금 당장 시작할 수 있는 것이었기 때문이다.

과학 수업을 야외에서 하는 이유

우 씨의 안내를 받아 방문한 곳은 대만 남서부의 인구 25만 명 정도 되는 자이 시에 위치한 한 초등학교였다. 과학 수업이 막 시작되려는 참이었는데, 아이들이 열을 지어 천천히 밖으로 나오는 것이었다.

아이들은 잡목들이 자라있는 교정 한 구석으로 모였다. 선생님이 수업 설명을 마치자 아이들은 일제히 흩어져 여러 종

[자료 4-2] 야외에서 과학 수업을 받는 아이들
야외에서 진행 가능한 수업은 가급적 야외에서 실시하도록 대만 정부는 권장하고 있다.

류의 식물을 찾아다니며 관찰하기 시작했다. 사실 이러한 수업은 대만 정부가 시행하는 근시 대책의 일환이다.

대만에서는 '국민체육법 제6조'라고 하는 법률 조항을 바탕으로 'SH150'이라는 프로그램이 제정되어 전국의 모든 학교에서 실시되고 있다. SH150은 아이들이 체육 시간 이외에도 1주일에 150분 이상 신체를 움직일 수 있도록 하자는 프로그램이다. 이것은 원래 아이들의 운동 부족을 해소하고 체력을 향상시키기 위한 목적으로 제정된 것이었는데, 아이들의 시력 저하가 심각해지자 SH150 프로그램을 시력 유지 목적으로도 응용해 보자는 움직임이 일어나게 된 것이다.

그리하여 대만 정부는 SH150에 이어 새로운 정책 '야외활동120'을 내놓았다. 하루에 최소 120분 이상 야외활동을 권장하는 내용이었다. 이 120분에는 방과 후의 시간까지 포함되지만 해가 짧은 동절기에는 실천이 어려운 측면이 있다. 그래서 대다수의 학교가 밖에서 할 수 있는 수업들은 가급적 밖에서 실시하여 SH150과 야외활동120을 모두 달성할 수 있도록 노력하고 있다. 이러한 정책을 전국적으로 실시한 결과, 대만 정부는 세계에서 유일하게 근시 아동을 줄이는 데 성공한 것이다.

대만 정부의 비결은 결국 '밖에 있는 시간을 늘리는 것'이었다. 그야말로 누구나 할 수 있고, 지금 당장 시작할 수 있는 방법이다. 그런데 도대체 어떻게, 밖에 나가는 것만으로도 근시를 예방할 수 있다는 것일까?

야외활동과 근시의 상관관계

야외활동과 근시의 관계를 밝혀낸 유명한 연구로는 호주 시드니에서 실시된 연구가 있다. 사실 호주는 근시 연구 분야의 선진국인데, 그 이유 중 하나는 호주 내에 중국 출신 인구가 많기 때문이었다. 중국에 거주하는 중국인과 호주로 이주하여 호주에서 생활한 중국인을 비교해 보니 호주에서 생활한 중국인들의 근시율이 더 낮았고, 그 이유를 조사하는 과정에서 야외활동과 근시의 상관관계를 밝혀낼 수 있었다고 한다.

이 연구를 통해 두 그룹 간 생활습관의 차이로 근시율의 변화가 발생한다는 사실을 알아냈다. 그리고 근시율에 영향을 미치는 생활습관들이 무엇인지를 규명해내는 과정에서 근시 대책 연구가 발전되어 온 것이다.

호주의 연구자들은 호주 내 51개 학교의 4천 명 이상의 초등학생을 조사했다. 각각의 아이들의 근업 시간과 야외에 머무는 시간, 그리고 근시의 진행 도수를 기록해 나갔다. 결과는 예상대로 장시간 근업을 하는 아이들의 근시 위험이 근업을 적게 하는 아이들보다 더 많이 증가했다.

그리고 또 하나, 대단히 중요한 사실을 찾아냈다. 장시간의 근업을 했더라도 야외활동을 많이 한 아이들은 근업에 의한 근시 위험도가 증가하지 않았다. 즉, **근업에 의한 근시의 진행을 충분한 야외활동을 통해 막을 수 있음이 밝혀진 것**이다. 이 조사에서는 하루 약 2시간 이상의 야외활동을 했을 때 근시 진행 억제효과가 있다고 말하고 있다.[8] 물론 근업을 줄이는 동시에 야외활동도 늘리는 것이 가장 근시 예방 효과가 높다는 것은 말할 필요도 없다.

호주의 연구자들은 추적연구를 통해 더욱 상세한 분석을 실시하였다. 6세 아동의 6년 후 근시 진행 여부를 근업·야외 활동의 양에 따라 그룹으로 나누어 비교 분석한 것이다. 그 결과 명백한 상관관계가 드러났다.[9] [자료 4-3]을 보자.

- 야외활동이 적으면서 동시에 근업이 많은 아동일수록 근시가 될 확률이 높다.
- 야외활동이 많으면서 동시에 근업이 적은 아동일수록 근시가 될 확률이 낮다.

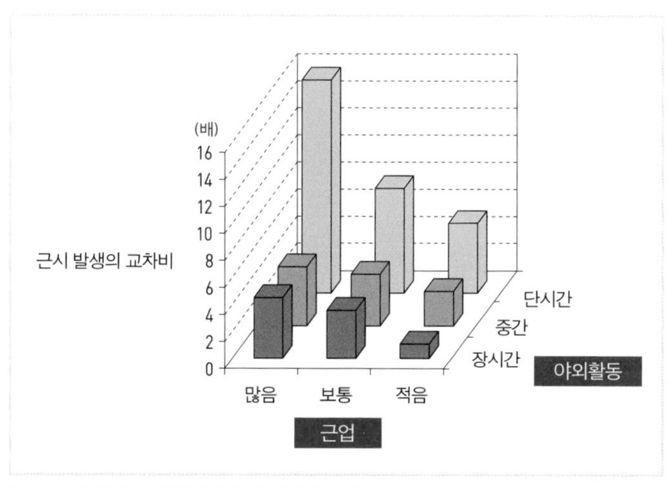

[자료 4-3] 근업·야외활동이 근시 발병에 미치는 영향
(출처: French et al.(2013))

이외에도 흥미롭고 희망적인 연구들이 전 세계에서 활발히 이루어지고 있다. 예를 들어 미국에서 평균연령 9세 아동 514명을 대상으로 실시한 조사에서는, 부모 중 어느 한 사람 혹은 둘 다 근시인 경우에도 아동의 야외활동 시간이 길수록 '보호적인 효과'가 입증되었다. 이는 즉, **유전적으로 근시가 되기 쉬운 아동이라도 야외활동 시간을 늘리면 근시를 예방하거나 진행을 억제할 수 있다**는 것이다.[10]

아이의 근시를 걱정하는 부모들과 학교 관계자들 중에도 이러한 연구 결과를 듣고 '좀 더 빨리 알았다면 좋았을 텐데' 하며 놀라는 이들이 많다. 반면에 예전부터 이미 알고 있던 사실이라 그다지 새롭지 않다고 말하는 사람도 있었다.

'자주 밖에 나가 먼 곳을 바라보는 게 눈 건강에 좋다는 것은 익히 알고 있는 사실'이라는 것이다. 물론 야외활동을 하면 먼 곳을 볼 기회가 많아져 자연스레 근업 시간이 줄어든다. 그러나 사실은 야외활동과 근시와의 관계는 그렇게 단순한 것이 아니었다.

야외활동을 통해 근시를 줄일 수 있는 이유

밖으로 나가면 왜 근시의 진행이 억제될까? 세계의 연구자들이 그 수수께끼를 풀기 위해 매달리기 시작했는데, 검증해야 할 가설들이 한 두 가지가 아니었다.

- 신체를 움직이는 스포츠 활동을 통해 혈액순환이 좋아졌기 때문이라는 가설
- 야외의 신선한 공기가 근시를 감소시켰을 것이라는 가설
- 실내에 근시 위험을 높이는 요소가 너무 많기 때문에 밖에 나오면 위험 요소가 제거되는 것이라는 가설 등등

이러한 가설들에 대해 유력한 답을 내놓은 것이 병아리를 이용한 연구였다. 호주의 연구자가 환경에 따라 안축장에 변화를 쉽게 일으키는 병아리를 실험 대상으로 선택해 연구를 진행한 것이다. 한 병아리 그룹은 하루에 6시간 동안 어두운 빛(50럭스)에서, 또 한 그룹은 그보다 300배 밝은 빛(15,000럭스)에서 사육했다. 실험 결과, 밝은 빛을 쬔 병아리는 어두운 환경에 있던 병아리보다 근시의 진행이 억제된 것으로 나타났다.[11]

[자료 4-4] 밝은 빛을 쬔 병아리는 근시의 진행이 억제되었다.

더 자세히 분석해 봤다. 강한 빛을 본 병아리의 각막에서는 '도파민'이라는 물질이 분비되고 있었다. 도파민은 뇌내 물질의 하나로, 안축장이 늘어나지 않게 하는 작용도 하는 것으로 알려져 있다. '빛-도파민 가설'은 야외활동이 근시를 억제하는 이유를 설명할 수 있는 가장 유력한 가설로, 병아리 이외에 히말라야원숭이 등을 대상으로 한 실험에서도 같은 결과가 도출되었다.

1,000럭스의 빛과 2시간

이러한 연구 결과를 이어받아 한 발짝 더 나아간 것이 대만이다. 근시 대책으로서 정확히 어느 정도의 밝기가 필요하며 그 효과는 어느 정도인가 하는 의문에 대한 구체적인 답을 대만의 연구로부터 얻을 수 있다.

앞서 등장했던 우페이창 씨와 연구팀은, 이러한 의문들에 대한 답을 찾으려면 설문조사와 같은 불확실성이 큰 조사가 아니라 객관적인 수치 데이터가 필요하다고 판단했다. 예컨대 근시 실태 파악을 위해 스마트폰 사용 시간에 대한 설문조사를 실시한다고 하면, 기기가 자동으로 입수하는 사용 시간 데이터와 차이가 나게 된다. 설문조사만 실시할 경우에는 사용 시간을 실제보다 적게 어림잡아 답할 가능성이 높다는 보고가 있다.

그럼 어떻게 해야 정확한 데이터를 입수할 수 있을까? 연구팀이 찾은 방법은 아이나 부모에게 묻는 것이 아니라, '자동으로 측정되도록 하는 것'이었다.

대만 아이들을 보니 라이터 정도 크기의 소형 장치를 목걸이처럼 목에 걸고 있었다. 이것은 경량의 빛 센서이다. 우 씨와 연구팀은 이 장치를 사용하여 아이들이 쬔 빛의 밝기와

[자료 4-5] 대만 아이들이 목에 걸고 있던 빛 센서

빛을 쬔 시간을 정밀하게 측정했다. 그리고 이렇게 입수한 데이터를 아이들의 근시 진행 데이터와 비교함으로써 빛과 근시와의 상관관계를 조사했다.

그 결과 밝혀진 것은, **빛의 밝기가 1,000럭스 이상일 때 근시 억제 효과를 얻을 수 있다**는 사실이었다. 앞서 언급했던 시드니 51개 학교 4천 명 이상을 대상으로 한 연구(하루 약 2시간의 야외활동으로 근시 억제 효과를 얻을 수 있다는 결론이 도출된)와 우 씨 연구팀의 이 연구 결과를 종합하여, 대만 정부에서는 **아이들을 1,000럭스의 빛에 하루 2시간 이상 노출시키는 것을 목표로 정책을 시행하여 근시 아동의 비율을 줄이는 데 성공한 것이다.**[12]

이 아이들은 지금도 빛 센서를 목에 걸고 다닌다. 더욱 면밀하게 분석을 진행해 나가기 위한 것도 있지만, 무엇보다 아이들을 위해 계속 빛 센서 장치를 사용하고 있다고 우 씨는 말한다.

"장치를 사용하면 아이가 하루 동안 어느 정도 밝기의 빛을 몇 시간 쬐었는지 정확하게 파악할 수 있기 때문입니다. 이 장치를 계속 사용하게 하면서 데이터가 수집되면, 우리는 그 데이터를 바탕으로 아이와 보호자에게 조언을 해줍니다. '대략 이 정도'가 아니라 구체적인 수치를 바탕으로 설명하면 아이와 학부모가 이해하기 훨씬 쉽고, 또 실제적인 행동 변화를 이끌어 내기도 쉬워지니까요. 이것도 이번 조사로부터 얻어낸 커다란 발견 중 하나라 할 수 있겠네요."

2장에서 근업 시간을 기계로 측정하여 그 데이터들을 가시화해 보는 작업을 통해 중요한 사실들을 발견해 내었듯이, 우리들은 평소에 나 자신이 어떻게 생활하는지 훤히 아는 것 같아도 사실은 정확히 알지 못하고 있는지도 모른다. 현재 이러한 소형 측정장치들은 연구용으로 개발된 것들이 대부분이고, 일반인이 손쉽게 구입할 수 있는 제품은 아직 시중에 나와 있지 않다. 그러나 앞으로 빛 측정 기능이 탑재된 스마트워치나 안경 형태의 장치 등이 보급되어 이 연구와 같이 간단하게 데이터를 수집할 수 있게 된다면, 근시 대책이 한층 더 발전할 수 있을 것으로 기대된다.

흐린 날, 나무 그늘 아래도 괜찮다

대만에서 취재를 마치고 일본으로 귀국한 지 얼마 되지 않아, 근시 연구 분야에서는 모르는 사람이 없을 정도로 유명한 인물이 일본을 방문한다는 이야기를 들었다. 호주에서 실시된 야외활동 조사를 이끌었던 호주국립대학의 이언 모건 교수가 도쿄에서 열리는 국제근시학회에 출석하기 위해 일본을 찾을 예정이라고 했다.

취재를 위해 연락을 취해 보니, 모건 교수도 꼭 한번 일본의 초등학교를 살펴보고 싶다며 흔쾌히 인터뷰를 수락했다. 고토 구립 모토카가초등학교의 협조를 얻어, 교육 현장 내의 환경을 함께 둘러보기로 하였다.

인터뷰 당일 모건 교수는 학교에 도착하자 '조도계'를 꺼냈다. 빛의 밝기를 간단히 측정할 수 있는 장치다. 저렴한 것은 몇천 엔 정도에 구입이 가능하다. 그는 아이들과 웃으며 인사를 나누고는 센서를 손바닥 위에 올려놓고 교실 내의 밝

[자료 4-6] 일상의 대략적인 공간별 조도

기를 측정했다.

교실 중앙 부근에서 밝기를 측정해 보니 300럭스 정도였다. 교실 안은 꽤 밝은 듯이 보였지만 생각보다는 수치가 낮았다. 창가로 가 측정해 보니 수치가 1,000럭스를 훌쩍 넘었다. 모건 교수가 수업 시간에 아이들의 시선이 향하는 칠판 쪽으로 센서의 위치를 조금 옮겨 다시 측정하니, 수치는 800럭스 정도로 떨어졌다.

"많이들 오해하는데, 가장 밝은 곳을 재는 게 아니라 실제로 눈에 들어오는 빛의 밝기를 재는 것이 중요합니다. 교실 안에서 계속 창밖의 하늘만 바라보고 있을 수는 없으니까요.

사실 실내에서는 1,000럭스 이상의 밝기를 기대하긴 힘들다고 봐야죠."

근시가 빠르게 증가하고 있는 중국에서는 '글래스 클래스룸'이라고 하여 유리로 된 교실의 도입을 시도하고 있다고 한다. 교실 안에 있어도 햇빛이 차단되지 않도록 벽에 유리를 끼운 것이다. 한 연구자가 사진을 보여준 적이 있는데, 놀랍게도 교실 안에서 아이들이 양산을 쓰고 있었다.

모건 교수는 교실을 벗어나 교정으로 향했다. 이날은 아주 화창한 날씨였는데, 조도계의 수치가 무려 **50만 럭스**를 가리키고 있었다. 그야말로 실내와는 비교도 안 될 만큼의 밝기다. 교정 가장자리에 서 있는 커다란 **나무 밑 그늘로 가서 측정해 보아도, 1만~10만 럭스** 정도의 수치를 보였다. 나무 그늘 아래도 실내와 비교하면 굉장히 밝다는 것이다.

"우리 눈은 매우 정교한 기관이어서, 동공에 의해 우리가 느끼는 밝기가 스스로 통제됩니다. 의식해서 보지 않으면 차이가 잘 느껴지지 않는데, 실내와 나무 그늘 아래의 밝기를 비교해 보면 나무 그늘 아래가 훨씬 더 밝습니다."

모건 교수의 말에 따르면, 흐린 날이라 해도 야외에서 근시 예방에 필요한 만큼의 충분한 빛을 얻을 수 있다고 한다.

"근시를 예방한다고 무리해서 직사광선을 계속 쬘 필요는 없어요. 과도한 자외선으로 인한 위험도 존재하니까요. 일상 생활 속에서 우리가 실천하기 쉬운 행동들, 예를 들면 나무 그늘 아래 앉아서 잠시 바람을 쐬거나 책을 읽거나 하는 것만으로도 효과가 있습니다. 그래서 이제부터는 학교 교정에도 아이들이 쾌적하게 오랜 시간 머물 수 있는 공간을 마련해주는 것이 중요합니다."

정부 차원의 근시 대책이 필요하다

한참을 여기저기 둘러보던 모건 교수는 교정에 그늘진 구역을 좀 더 만들어 아이들이 야외에서 편하게 시간을 보낼 공간을 마련해주는 것이 좋겠다고 교장과 보건교사에게 조언했다. 우리가 취재했던 대만의 초등학교에도 야외에 보드게임이나 독서를 할 수 있는 그늘진 공간이 마련되어 있어 아이들이 그곳에 모여 놀던 것이 생각났다.

그의 이야기를 듣고 보건교사인 사사키 가즈에 씨가 질문했다.

"쉬는 시간에 잠깐씩이라도 아이들을 밖으로 내보내 놀게 하는데요. 근시를 예방하는 데 이 정도 시간으로 과연 충분한 것인지 궁금합니다."

모건 교수는 이 학교에서 아이들에게 구체적인 행동을 권장하고 있는 것은 대단히 바람직하다고 평가하면서, 또한 이렇게 지적했다.

"유감스럽게도, 쉬는 시간을 전부 다 합쳐도 1시간 남짓이니 하루 2시간 이상이라는 목표치에는 아직 많이 모자란다고 말할 수 있겠네요. 그리고 이동하고 준비하고 정리하는 데 걸리는 시간도 있기 때문에, 야외에서 온전히 머무는 시간은 사실상 더 짧아질 겁니다."

그리고 그는 덧붙였다. "하지만 아주 조금만 신경 쓰면 시간을 꽤 많이 늘릴 수가 있습니다. 과학 같은 일부 과목들은 야외에서 수업을 진행해보는 게 어떨까요? 그리고 점심시간을 밖에서 가져보는 것도 하나의 아이디어일 수 있습니다. 호주에서는 모든 아이들이 밖에서 점심을 먹거든요."

급식 시간은 매일 있으니, 아이들이 앉아서 급식을 먹는 시간을 야외활동으로 삼으면 무리해서 밖에 내보낼 필요가 없어질 것이다. 그러나 현실은 그렇게 간단하지 않다고 교장인 가와노 미유키 씨는 말한다.

"분명 좋은 아이디어이기는 하지만, 그렇게 큰 변경사항을 각 학교 단위로 자체적으로 시행하기에는 많은 무리가 따를 것 같습니다. 정부 차원에서 전국의 학교를 대상으로 대대적인 방침을 내릴 필요가 있다고 생각합니다."

급식을 밖에서 먹기 위한 장소 확보 등에는 많은 예산이 필요할 것이고, 또 수업 내용에 따라 밖에서 진행할 수 없는 수업들도 분명 있다. 해외의 사례들을 보면 성공적인 결과를 얻어낸 근시 대책들은 대부분 정부 차원의 정책으로서 실시된 것들이었다.

결국 모건 교수로부터 들은 조언들 모두를 바로 실천할 수는 없었지만, 이 초등학교에서는 계속해서 아이들을 틈날 때마다 밖으로 내보내 놀게 했고, 가정에서도 방과 후나 휴일에 아이들이 밖에서 보내는 시간을 늘려줄 것을 학부모에게 권장하고 있다.

방과 후 교정에서 활기차게 뛰어노는 아이들의 모습을 바라보며 모건 교수는 말했다.

"근시가 매우 심각한 사회적 문제가 되었음에도 불구하고 정부 차원에서 아직 아무런 조치를 취하지 않고 있는 곳은 제가 알기로는 한국과 일본 두 나라뿐입니다. 과학적으로 효과가 입증된 대책들이 이미 존재하고 있으니, 이제는 두 나라 정부가 근시 문제를 좀 더 진지하게 바라봐 주었으면 좋겠습니다. 우리 아이들과 나라의 미래가 걸린 문제니까요."

과학으로 극복하는 초 근시 시대

한창 진로로 고민하던 대학원생 시절, 생리학 연구소라는 기관에서 연구 홍보 인턴으로 일한 적이 있었다. 그곳에서 처음으로 쓴 원고는 '식사를 할 때 음식의 맛을 잘 음미하면서 규칙적으로 섭취하는 것이 건강에 좋다고 증명되었다'는 내용의 연구 발표문이었다.

필자를 인턴으로 채용했던 홍보 담당자 겸 연구자가 그 원고를 받아 아내에게 보여주었더니 이런 말을 들었다고 하며 웃었다.

"에이, 연구자는 뻔히 다 아는 사실을 가지고 맞는지 틀리는지 확인만 하는 사람들인가 보네."

그러자 연구자는 "그럼 내가 그런 일 하는 사람인지도 모르면서 여태 나랑 살았냐"며 되받아쳤다고 한다. 그때는 나도 함께 웃으면서 그 이야기를 들었지만, 지금 생각해 보면 그것이 그저 겸손이었구나 하는 생각이 든다.

예컨대 '밖으로 나가면 근시가 억제된다'는 사실은 분명 우리가 어느 정도 상상할 수 있는 범위 내의 '뻔히 다 아는' 결론인지도 모른다. 그러나 어찌 보면 당연할 수 있는 그 결론을 전 세계의 연구자들이 상세히 조사하고 분석함으로써

'빛'이라는 원인을 찾아내고, '1,000럭스'의 밝기와 '2시간'이라는 유효 시간까지도 밝혀낼 수 있었다. 그 결과 구체적인 기준을 바탕으로 계획을 세울 수 있게 되어, 이제는 근시 인구를 줄이는 데 성공한 지역들도 나오기 시작했다.

단순히 짐작하고 상상하는 것과 철저히 조사해서 진실을 파고드는 것은, 겉으로는 비슷해 보일지 몰라도 그 결과는 하늘과 땅 차이이다.

국가에서 안축장 현황 조사를 전국 규모로 실시하는 것은 대단히 의미 있는 일이다. 이후 조사 결과를 활용하여 근시 대책을 세우고자 할 때도, 이미 과학적으로 효과가 입증된 방법들은 적극적으로 도입을 검토해 줄 것을 기대해 본다.

생활 속에서 실천할 수 있는 좋은 습관들

지금까지 최근에 밝혀진 '빛'에 의한 근시 진행 억제 및 예방 효과에 대해 살펴보았다. 한편, 눈과 사물 간 30센티미터 이내의 거리에서 이루어지는 작업인 '근업'이 근시의 위험을 높이는 커다란 요인으로 작용한다는 것을 우리는 2장에서 살펴본 바 있다. 그렇다면 근업의 위험을 조금이라도 낮출 수 있는 방법은 없을까?

2장에서 소개했던 초등학생 이시자키 슈야 어린이가 우리의 근업 실태 조사에 도움을 주었다. 슈야는 집에서 활동하는 시간 중 무려 40퍼센트가 근업이었으며, 하루 동안의 근업 시간이 총 4시간에 달했다.

사실 필자는 '초 근시 시대'를 살아가는 요즘 아이들에게 있어서 근업 시간이 늘어나는 것은 어쩔 수 없는 흐름이 아닌가 하는 생각을 가지고 있었다. 독서도 게임도 공부도 모두 그만하라고 할 수는 없는 노릇이니 말이다. 그래서 우리 취재팀은 앞서 소개했던 도쿄의과치과대학 첨단근시센터 의사인 이가라시 다에 씨에게 조언을 구하기로 했다.

이가라시 씨는 "근업이 일상이 되어버린 시대지만 그래도 생활 속에서 우리가 실천할 수 있는 개선책들은 분명히 있다"고 말했다. 그래서 우리는 슈야와 어머니 미에 씨를 초대하여 온라인 상담을 통해 이가라시 씨에게 구체적인 조언을 들어보기로 하였다.

큰 화면으로 보기

온라인 상담은 교토에서 슈야와 어머니가, 도쿄에서 안과의인 이가라시 씨와 NHK가 온라인으로 접속하여 진행되었다. 우선 이가라시 씨가 슈야의 근업 데이터를 전체적으로 한번 풀어서 설명해 주었다.

"게임을 하거나 동영상을 볼 때 아이가 30센티미터의 거리를 의식하고 있기는 한데, 열중하게 되면 자기도 모르게 화면이 바로 눈앞까지 가까워지는 경향이 있네요."

2장에서 슈야 스스로도 자각하고 있었듯이 '나도 모르게'

[자료 4-7] 슈야가 온라인 상담을 받는 모습
교토에 사는 슈야와 어머니 미에 씨, 그리고 도쿄의과치과대학 의사인 이가라시 씨와 NHK가 동시 접속하여 상담을 진행하였다.

화면에 가까이 가게 될 때가 있다. 그러나 이가라시 씨는 이에 대해 의외의 말을 이어갔다.

"게임이나 TV 시청 그 자체와 근시 위험과의 연관성은 사실 아직 밝혀진 바가 없습니다. 그러한 행위 자체보다는 오히려 어떤 장치를 사용하는지가 더 중요해요."

근시의 진짜 적은 게임이나 TV가 아니라 어디까지나 눈과 사물 간의 지나치게 가까운 거리라는 것이다.

"그러니 게임을 하든 동영상을 보든, 가급적 TV 화면이나 큰 모니터에 띄워놓고 거리를 유지하면서 보게 하는 것이 좋습니다."

포인트①은 '큰 화면으로 보는 것'이다. 하루의 총 근업 시간은 2시간 미만이 바람직하다고 한다. 그러나 요즘 아이들의 게임 시간과 동영상 시청 시간을 줄이기란 쉽지 않다. 그렇다면 적어도 큰 화면을 통해 눈과의 거리를 유지하며 보게 해주어야 근시 위험을 낮출 수가 있다. 게임이나 동영상을 많이 보더라도, 눈과의 거리만 잘 유지한다면 근시의 가장 큰 적인 근업이 아니게 된다는 것이다.

내가 보고 있는 사물이 눈에서 30센티미터 이상 떨어져 있는지를 가늠하려면 앞에서 언급했던 '2리터짜리 페트병'을 떠올리면 쉽다. 한 병의 길이가 대략 30센티미터이니 기억해

[자료 4-8] 포인트① 큰 화면으로 볼 것
중요한 것은 눈과 사물 사이의 거리이다. 작은 화면으로 볼 때는 더 잘 보기 위해 나도 모르게 화면에 눈을 가까이 가져가게 된다. 아이들이 게임이나 동영상을 볼 때는 큰 화면에 띄워놓고 멀리 떨어져서 보게 한다.

두자. 늘 30센티미터의 거리를 의식하면서 생활할 수 있도록 거실에 빈 페트병을 하나 가져다 놓는 것도 좋은 방법이 될 수 있다.

참고로 중국은 정부 차원에서 교과서 활자 크기의 하한선을 제정했다고 한다. 초등학교 1~2학년은 16포인트 이상, 초등학교 3~4학년은 14포인트 이상, 초등학교 5학년에서 고등학교까지는 12포인트 이상으로 구체적인 기준을 마련하였다.[13] 1포인트는 약 0.35밀리미터이다.

이러한 조치 또한 '큰 화면'과 마찬가지로, 큰 문자로 읽으면 눈을 멀리 두어도 보기 쉽다는 이유 때문일 것이다. 화면을 통해 문자를 읽을 때도 이러한 점을 참고하면 도움이 될 것이다.

20·20·20 법칙 실천하기

다시 온라인 상담으로 돌아가서, 다음으로 이야기한 주제는 숙제 시간에 대해서였다. 숙제를 할 때도 역시나 너무 집중한 나머지 슈야는 자신도 모르게 눈이 자꾸 프린트물에 가까이 다가갔다. 학부모들 입장에서는 게임이나 동영상 이상으로 큰 고민이 아닐 수 없다.

"게임이나 동영상은 아이가 너무 오래 하면 이제 그만하라고 하는데, 숙제하는 시간은 그렇게까지 의식하진 않았던 것 같아요. 숙제를 도중에 그만하라고 할 수도 없잖아요."

미에 씨의 이러한 고민에 이가라시 씨가 대답했다.

"슈야가 숙제하는 시간을 살펴보니, 근시 예방이라는 관점에서는 가까이 보는 시간이 좀 길다 싶긴 해요. 하지만 다른 건 몰라도 공부의 경우는 시간을 줄여버리면 성적이 떨어질 수도 있으니까, 무턱대고 시간을 줄이는 건 현실적이지 않습니다. 이때 중요한 게 바로 '20·20·20 법칙'이에요. 일반에 아직 널리 알려지지 않았지만, '20·20·20 법칙'은 미국안과학회 등에서 권장하고 있는 근시 예방법입니다. 20분간 집중해서 근업을 했다면, 20초 동안 20피트(약 6미터) 앞을 보도록 하는 방법이죠."

포인트②는 '20·20·20 법칙'이다. 이는 호주에서의 연구를 바탕으로 개발된 근시 대책이다. 호주 연구팀은 2천 명 이상의 아동을 대상으로 한 연구를 통해, 30센티미터 이내의 근업을 할 때 30분 이상 지속하지 않고 휴식을 취하도록 한 아이들은 통계적으로 근시의 진행이 억제되었음을 알아냈다. 연구에서 사용한 지표는 30분이었으나, 확실한 효과를 얻기 위해 20분이라는 기준을 따르게 되었다고 한다.[14]

또한 20피트(약 6미터)라는 거리는 근시가 아직 진행되지 않았거나 혹은 안경이나 콘택트렌즈로 교정하여 먼 곳을 잘 볼 수 있는 사람의 대략적인 기준이다. 근시 때문에 먼 곳이 잘 안 보이거나 약하게 교정을 한 사람의 경우에 '조금만 더 앞으로 가면 가까스로 초점이 맞을 정도의 거리'라고 이해하면 되겠다.

이가라시 씨는 온라인 상담을 정리하면서 **아이 스스로 생활습관을 개선하고자 하는 의식을 갖는 것이 매우 중요하다**고 강조했다.

"주변에서 어른들이 도와주는 것도 물론 중요하지만, 그보다 더 중요한 것은 아이 스스로가 의식하도록 하는 것입니다. 의식해서 고치고자 하는 아이와 그렇지 않은 아이는 근시 진행 양상에서 상당한 차이를 보인다는 사실이 데이터를 통해 밝혀졌어요. 이번 코로나19로 인한 외출 자제 기간 중에는 특히 더 현저하게 그러한 차이가 나타났고요. 그러니까 슈야는 부모님이 시켜서가 아니라 스스로의 의지로, 가능한 범위 내에서 최대한 노력해보도록 해요."

자기 전에 침대에서 장시간 만화를 읽었던 슈야처럼, 초등학생 정도 되면 부모님이 파악하지 못하는 아이만의 시간도 꽤 많다. 아이 스스로가 '눈이 더 나빠지지 않았으면 좋겠다'고 생각하고 이를 위한 '구체적인 대책'을 의식하는 것이 가장 중요하다. 하나하나만 놓고 보면 사소한 것들이지만, 그런 노력들이 몇 년 동안 쌓이면 엄청나게 큰 결과로 돌아오는 것이다.

근시는 눈의 생활습관병이다

우리는 슈야에게 온라인 상담 이후에도 2장에서 사용했던 근업 측정 장치를 통해 계속 근업 데이터를 수집하도록 하였다.

그리고 상담일로부터 1주일 후, “데이터를 업로드했으니 확인을 부탁한다”며 어머니인 미에 씨가 이메일을 보내 왔다.

이 데이터는 곧바로 확인할 수 없는 형식으로 되어 있어, 미에 씨도 상담 이전과 비교하여 데이터상에 어떠한 변화가 생겼는지 알 수 없는 상태였다. 상담 이전에 측정한 1주일간의 슈야의 근업 패턴은 다음과 같았다.

- 1회당 근업 지속시간 27분(1주일 중 최대치)
- 1일 근업 시간 합계 4시간 6분(1주일의 평균치)

이상적으로는 1일 합계 2시간 미만, 지속시간은 최대 20분 미만이 권장된다. 물론 이러한 기준은 현대를 살아가는 우리들에게는 다소 엄격한 목표치로 느껴진다.

TV프로그램의 편집작업을 시작하기 전에 편집실에서 컴퓨터를 사용하여 미에 씨가 업로드한 데이터의 결과를 분석해 보았다. 그런데 놀랍게도 상담 이후 슈야의 1주일간의 근업 측정치는 ‘1회당 근업 지속시간 19분(1주일 중 최대치)’으로, 20분 미만이라는 목표를 달성한 것으로 나타났다.

또 1일 합계 시간도 ‘2시간 53분(1주일의 평균치)’으로, 목표보다는 초과되었지만 상담 이전에 비해 근업을 1시간 이상

단축시키는 데 성공했다.

데이터 수치에 틀림이 없는지 다시 한번 확인해 보고 나서 미에 씨에게 분석 결과를 알려주기 위해 전화를 했다. 미에 씨는 슈야의 근업 패턴에 긍정적인 변화가 있었음을 전해 듣고는 매우 기뻐했다. 슈야는 온라인 상담 이후, 공부를 하거나 책을 읽을 때 요리용 타이머를 사용하여 '20·20·20 법칙'을 실천했으며, 공책에 근업 시간과 내용을 자세히 기록하기 시작했다고 한다. 그리고 더 나중에는 슈야가 스스로 동영상 시청과 게임 시간을 줄여나가겠다고 말했다는 이야기도 전해 들었다.

"정말로 슈야의 의식 자체가 달라진 것 같아요. 이전과는 상상할 수 없을 정도로 적극적으로 아이가 먼저 나서서 실천하는 모습을 보니, 이번 조사 참여가 아이에게 정말 좋은 기회가 된 것 같아요."

조금 과장해서 말하면 '사람은 누구나 달라질 수 있다'는 말을 이 초등학교 4학년 학생을 통해 새삼 되새기게 된다. 물론 TV프로그램을 위한 취재이기도 했고, 나아진 모습을 보여주지 못하면 스태프들에게 미안할 것 같아서 더 열심히 참여한 것일 수도 있다.

하지만 측정 장치를 사용하여 기록을 측정함으로써 자신의 생활을 객관적으로 데이터화하여 체크해볼 수 있었다는 점, 그리고 이가라시 씨와의 상담을 통해 '근시는 잘 안 보이는 게 다가 아니라는 것'과 '충분히 대처할 수 있다는 것', 특히 '본인의 의식이 가장 중요하다는 것'을 배울 수 있었다는 점이 슈야의 의식과 행동의 변화로 이어진 것이 아닐까 생각한다.

사람을 변화시키는 것은 누군가의 명령이나 의무감이 아니다. 우리 삶의 다양한 과정 속에서 내가 실제 느끼고 이해하고 긍정하는 순간들이 모여 스스로를 변화시킨다. '초 근시 시대'는 조금은 과장되고 무섭게 느껴지는 표현이지만, 오늘날의 이 심각한 상황에 대처할 수 있는 열쇠는 일상생활 속의 작은 변화들에 있다. 첨단근시센터의 교수이자 일본근시학회 이사장인 오노 교코 씨를 인터뷰하며 들었던 말이 깊은 인상을 남겼다.

"최근의 연구들로부터 알게 된 중요한 사실은, **근시가 '눈의 생활습관병'**이라는 점입니다. 물론 의학적 치료도 필요하지만, 생활습관병이기 때문에 나의 생활습관을 되돌아보고 개선하는 것이 대단히 중요합니다. 생활습관을 바꾼다 해서 바로 효과가 확 나타나거나 한방에 근시가 낫는 건 아닙니다. 하지만 우선 나의 일상생활 속에서 근시 대책을 시작하고 그것을 지속해나가는 것이 가장 중요하다는 것이죠."

우리 가족의 상황에 맞게 실천하라

슈야는 스스로 열심히 노력해서 달라진 모습을 우리에게 보여주었다. 반면에 이 아이를 취재했던 나는 정작 어떠했는지 되돌아본다. 필자 또한 두 살배기 아이를 가진 부모로서, 이 취재를 계기로 시작한 것들이 있다. 그중 바로 실천해볼 수 있는 것을 2가지만 써보려 한다.

적극적으로 야외활동 하기

앞서 햇빛으로 아이들의 근시 비율을 줄이는 데 성공한 대만의 사례를 소개했다. 대만 취재 시에 나는 이동하는 차 안에서 대만의 연구자 우 씨에게 이런 질문을 한 적이 있다.

"제게는 두 살배기 아이가 있습니다. 이 아이에게도 1,000럭스 이상의 빛이 앞으로의 근시 예방에 효과가 있을까요?"

그러자 우 씨는 빙긋 웃으며 이렇게 대답했다.

"2세 아이를 대상으로 한 연구는 유감스럽게도 성인과 마찬가지로 아직 이루어지지 않았습니다. 하지만 효과가 아직 입증되지 않았다는 것이 효과가 없다는 뜻은 아니죠. 초등학생 대상의 연구에서는 햇빛이 근시의 진행 및 발병을 예방할 수 있음이 밝혀졌습니다. 자외선 차단제 등을 사용하여 자외선으로 인한 피해만 잘 막아준다면, 아기에게도 시도해보지 않을 이유가 없지 않겠습니까?"

우 씨의 말에 깊이 수긍한 필자는 이후 아기와 지내는 시간은 되도록 밖에서 놀아주려고 하고 있다. 물론 아내와도 정보를 공유하는 것이 매우 중요하다. 혼자서는 한계가 있다. 주변에 실천을 함께 할 동료들을 늘려 함께 실천해나가는 것도 효과적일 것이다.

유아용 카시트에서 스마트폰 거치대 활용하기

차로 이동할 때 아이가 카시트에 앉아 스마트폰으로 동영상을 보여달라 떼를 써서 난감한 부모들이 많을 것이다. 집에 있을 때는 앞서 이야기한 것처럼 동영상을 큰 TV 화면으로 틀어놓고 떨어져 앉아서 보도록 할 수 있지만, 차 안에서는 그것이 쉽지 않다.

그래서 생각해낸 것이 바로 '스마트폰 거치대'이다. 원하는 각도와 위치에 따라 마음대로 구부릴 수 있도록 다리가 유연하게 만들어져 있어, 운전석 뒤에 스마트폰을 고정하여 아이와의 일정 거리를 확보할 수 있다. 그런데 짧은 시간이라면 몰라도, 차를 타고 이동하는 시간이 길어지면 아이는 금세 "다른 거 볼래! 내가 고를래!" 하면서 몸을 앞으로 쑥 내밀어 스마트폰을 거치대에서 억지로 빼내기도 한다. 이런 아이를 어르고 달래기란 참으로 쉽지 않지만, 앞으로도 이렇게 나는 시행착오를 겪으면서 더 나은 방법을 찾아보려 한다.

햇빛 요법이나 근업 대책의 구체적인 방침만 제대로 숙지하고 있으면, 그 실천은 각 가정의 상황에 맞게 변형시켜 적용할 수 있다. 이렇게 사소한 궁리들이 모여, 억지로 무리해서 하는 게 아니라 재미있고 즐겁게 근시 대책을 실천해 나갈 수 있게 된다면 더할 나위 없다. 이미 초 근시 시대로 들어온 이상, 근시 대책에 왕도란 없다. 우리 한 사람 한 사람이 일상생활 속에서 자신에게 가장 좋은 방법을 찾아가며 스스로 우리 눈을 지킬 수밖에 없다.

성인 근시도 방법이 있을까?

지금까지 아동 및 청소년의 근시 대책에 대해 다뤘다. 그러나 중학생 시절부터 근시였던 필자는 '근시인 어른에게도 아직 방법이 있을까?' 하는 궁금증을 품은 채로 취재를 이어왔다. 이러한 의문에 대한 답을 구하기 위해서는 우선 2가지 사항을 짚고 넘어갈 필요가 있다. 지금까지 소개한 근시 대책은 다음과 같다.

- 야외활동 시간을 늘린다. 1,000럭스 이상의 빛을 하루에 2시간 이상 쬔다.
- 눈과 사물 사이의 거리가 30센티미터 이내가 되는 '근업'을 하루 총 2시간 미만으로 제한한다.
- 근업의 1회당 지속시간을 20분 이내로 제한하고, 근업 사이사이 반드시 잠깐의 휴식시간을 통해 6미터 앞을 바라보는 시간을 갖는다.
- 각막 굴절 교정술 등 효과가 과학적으로 증명된 치료를 선택한다.

위 내용들은 연구를 통해 아동 근시의 발병 및 진행을 억제하는 효과가 있다고 과학적으로 증명된 근시 대책들이다.

반면에 '어두운 곳에서 책을 읽으면 안 된다', '방 조명은 밝을수록 좋다' 등 꽤 그럴듯하게 들리는 말이나, '안경을 쓰면 근시가 더 빨리 진행되므로 쓰지 않는 게 좋다', '블루베리나 눈 영양제를 챙겨 먹어야 한다' 등의 소위 민간요법, 그리고 '시력 회복 훈련'과 같은 것들은 아직까지는 근본적인 근시 대책(굴절도수 악화 및 안축장의 늘어남을 억제)이라 말할 수 있을

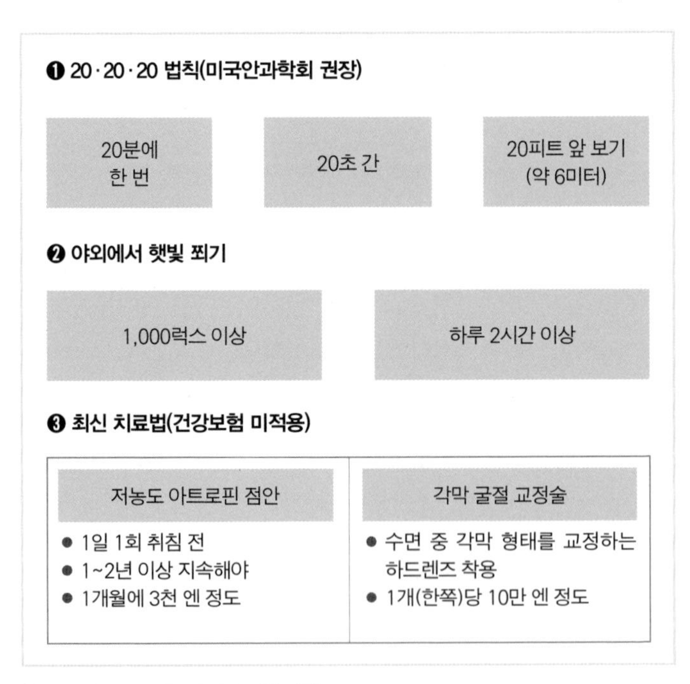

[자료 4-9] **근시 진행 억제를 위한 대책**

만큼의 과학적 근거가 발견되지 않았다(일시적으로 조절능력이 떨어지는 '가성근시'에 대해서는 어느 정도 효과를 볼 수도 있다).

그렇기 때문에 어떠한 대책을 실행에 옮길지 선택할 때에는 ①과학적 근거가 있는지, ②있다면 어느 정도 레벨의 근거인지를 확인하는 것이 중요하다.

다시 한번 강조하지만, **근시의 가장 큰 원인은 안축장이 늘어나는 것이며, 이 안축장은 한번 늘어나면 다시는 원래대로 줄**

어들지 않는다. 언젠가는 획기적인 치료법이 개발될 가능성도 있겠지만, 현재로서는 '회복'이라던가 '안축장을 되돌릴 수 있다' 등의 주장을 하는 곳이 있다면 그 내용을 신중히 검토하고 선택을 재고해 볼 필요가 있다.

앞의 2가지 사항에 입각하여 '이미 근시가 진행된 성인들에게도 근시 대책이 가능한가'를 다시 한번 생각해 보자. 결론부터 말하자면, 가능한 방법들은 있으나 아이들에 비해 그 근거가 약하고 근본적인 대책으로서의 효과는 미미할 수도 있다.

이미 근시가 된, 즉 안축장이 이미 늘어날 대로 늘어나버린 성인의 안축을 다시 짧게 만드는 것은 불가능하다. 그러므로 '이제부터 안축장이 더 늘어날 가능성이 있는 아이들'에 비해 성인 근시가 기대할 수 있는 효과란 한정되어 있다.

그렇지만 현재도 안축장이 계속 늘어나고 있는 일부 성인들에게는 효과가 있을 수 있다. 아이 때는 괜찮다가 어른이 되고 나서 근시가 시작되는 '성인 발병 근시'나, 어른이 되어서도 근시가 계속 진행되는 '성인 진행 근시'가 최근 들어 증가하고 있다는 보고가 있다.

또한 일본안과의회는 "근시가 아주 강한 경우 20대 후반이 지나서도 근시가 계속 진행되기도 하고, 최근에는 컴퓨터 작업 등 근업 시간의 증가로 인해 성인 이후에 근시가 발병하거나 약도근시가 강도근시로 진행되는 경우도 있다"고 말하면서, 디지털 기기 사용 시간 증가가 근시에 악영향을 미칠 가능성을 지적하였다.[15]

이렇게 각종 디지털 기기의 사용이 아이들뿐만 아니라 어른들에게도 큰 영향을 미칠 가능성이 제기된 가운데, 앞서 열거한 근시 대책들이 어른들에게도 효과를 나타낼 가능성은 분명 있다. '가능성이 있다'는 불확실한 말밖에 할 수 없는 이유는, 성인 근시에 대한 연구가 현재로서는 턱없이 부족하기 때문이다.

과학적으로 입증된 사항들에 대해 설명하기 위해서는, 통계적으로 유의미한 대상자 수와 기간 동안 연구가 진행되어야 한다. 아이들에 비해 성인은 연구 대상에 해당되는 사람의 비율도 적고 진행도도 적기 때문에 결과를 도출해내기가 매우 힘들고 까다롭다. 때문에 지금의 근시 대책 연구는 아이들을 중심으로 이루어지고 있고, 아쉽게도 성인 근시에 대한 연구는 한참 뒤떨어져 있는 것이 사실이다.

하지만 어른이나 아이나 눈의 구조는 동일하기에, 우리가 취재한 다수의 전문가들은 "과학적 근거가 아직 없어 확언할 수는 없지만, 근시 대책을 성인에게 적용하면 안 될 이유도 없고 오히려 권장된다는 것만은 분명하다"고 말했다. 또한 근업을 줄이기 위한 대책은 직접적으로 성인들의 안정피로 경감에도 효과가 있다. 아이들에게는 근시 위험을 줄여주고 어른들에게는 안정피로를 경감시켜줄 수 있는 안경과 콘택트렌즈의 선택법에 대해서는 5장을 참고하기 바란다.

한편, 성인이기에 가능한 중요한 대책도 있다. 특히 강도근시가 의심되는 경우는 합병증을 조심해야만 한다. 강도근시의 간단한 검사법은 맨눈으로 손가락을 조금씩 가까이 가져가면서 지문을 본다. 이때 지문이 또렷하게 보이는 거리가 16센티미터 미만이라면 각별히 주의해야 한다.

3장에서 서술한 대로 백내장, 녹내장, 망막박리 등 실명으로까지 이어지는 다양한 안질환의 발병 위험이 근시로 인해 높아질 수 있음이 점차 명백해지고 있다. 근시는 안경만 쓰면 그만이라는 인식이 이제는 달라지고 있는 것이다.

이러한 위험을 분명하게 인지하고 정기적으로 안과 검진을 받는 것은 성인이 할 수 있는 중요한 근시 대책이라 말할 수 있다. 늘어난 안축장을 되돌릴 수는 없어도, 합병증을 조기에 발견한다면 치료의 선택지가 훨씬 넓어지고 치료 효과 또한 높일 수 있기 때문이다.

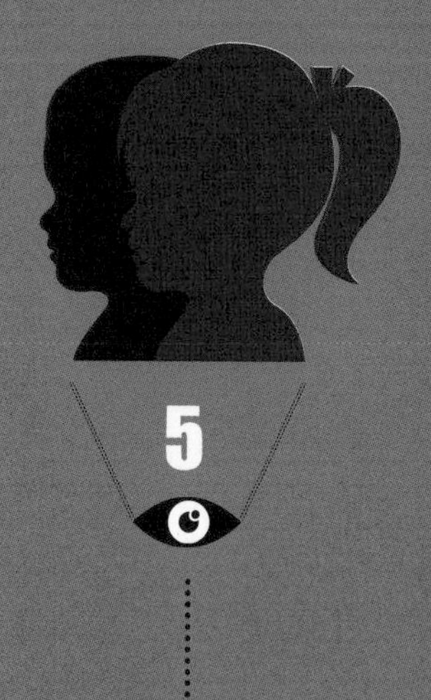

과교정이 아이의 근시를 악화시킨다

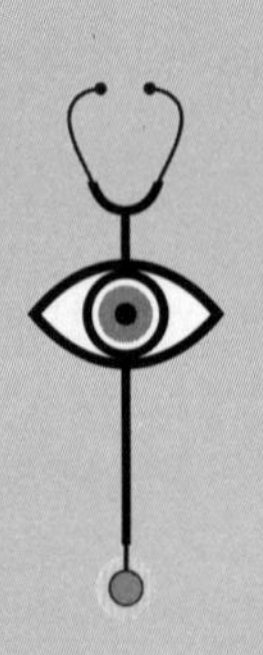

일본에는 안경을 쓰는 사람이 얼마나 될까? 2015년의 조사에 따르면 7,500만 명 이상, 일본 인구의 약 60퍼센트가 안경을 쓴다는 보고가 있었다. 콘택트렌즈만 사용하는 이들까지 포함하면 더 많아진다.[1]

이렇게 말하는 필자 역시도 중학생 때부터 지금까지 쭉 안경과 함께해 온 인생이지만, 안경이나 콘택트렌즈를 어떻게 골라야 하는지 진지하게 생각해 본 적이 있느냐고 묻는다면 할 말이 없어진다. 선택 기준은 늘 안경테의 디자인이 중심이었고, 렌즈는 눈 검사 결과에 따라 안경원에서 권해주는 대로 별생각 없이 그저 받아들였던 것 같다.

하지만 취재를 이어가면서 '내 눈에 맞지 않는 안경과 콘택트렌즈', 특히 도수가 지나치게 높은 것을 고르면 근시가 진행될 위험이 커지며 안정피로까지 유발할 수 있음을 알게 되었다. 불행하게도 우리는 어떤 이유로 인해 '내 눈에 맞지 않는 안경'을 고르는 경우가 매우 많다.

반면에 누구나 쉽게 '내 눈에 꼭 맞는 안경'을 고를 수 있는 요령이 있다는 것도 알게 되었다. 이때 중요한 포인트 중 하나는 **'시력으로 렌즈 도수를 선택하지 말 것'**이다. 이하에서 '안경'이라고 서술한 부분은 일부 특수한 경우를 제외하고는 '콘택트렌즈'로 바꾸어 생각해도 무방하다는 점을 염두에 두고서 읽어보시기 바란다.

안경과 콘택트렌즈의 올바른 선택법이 중요하다

근시는 그렇다 쳐도, 정상적인 사람보다 눈의 피로를 빨리 느끼는 안정피로라는 것은 어른들에게만 일어난다고 생각하는 이들이 많다. 그러나 이제는 아이들의 안정피로가 커다란 사회적 문제로 떠오르고 있다.

우선 일본안과의회의 '아동 IT 안질환'이라는 항목을 살펴보자. IT 안질환이란 디지털 기기의 과도한 사용으로 인해 발생하는 안질환 및 신체 증상을 말하며, 안정피로라는 말로 대신할 수 있다.[2]

> 우리가 화면을 집중해서 볼 때, 1분 이상 눈을 한 번도 깜박이지 않을 때가 있습니다. 특히 아이들의 경우는 각막을 덮

고 있는 눈물막이 건강하고 튼튼하기 때문에 2~3분간은 눈을 깜박이지 않아도 아무렇지 않습니다. 그러나 장시간 화면을 들여다보고 있으면 아이들도 눈이 충혈되고 건조해져 각막에 손상이 생깁니다. 또한 오랜 시간 동안 같은 자세로 같은 거리에서 화면을 보다 보면 머리와 눈 근육이 긴장하여 전신의 긴장으로 이어지게 됩니다. 이것이 장기간 지속되면 자율신경 실조증까지 일으킬 수 있습니다.

요약하면 아이들도 디지털 기기를 장시간 사용하면 안정피로를 일으킬 수 있다는 것이다. 주의해야 할 것은 아이들 스스로가 이를 자각하기 힘들다는 점이다.

요즘 아이들의 디지털 기기 사용 시간은 과거의 아이들에 비해 크게 증가하였다. 이는 1장에서 다루었던 디지털 기기 보급률 추이를 통해서도 추측이 가능하다. 더욱이 걱정인 것이 코로나19 바이러스가 아이들에게 미치는 영향이다. 여기서 말하는 영향이란, 감염 그 자체에 의한 것이 아니라 감염 예방을 위한 외출 자제 등 생활의 변화가 아이들의 눈에 미칠 영향을 뜻한다.

일본 국립성육의료연구센터가 2,591명의 아동·청소년을 대상으로 2020년 4월 말에서 5월에 실시한 인터넷 조사에 따르면, '최근 1주일간 하루에 몇 시간 동안 TV, 스마트폰, 게임 등을 보았습니까?(공부는 미포함)'라는 질문에 2시간 이상이라고 답한 아이들의 수는 각각 다음과 같았다.

- 초등학교 1~3학년생: 600명 중 58퍼센트
- 초등학교 4~6학년생: 1,086명 중 56퍼센트
- 중학생: 432명 중 74퍼센트
- 고등학생: 230명 중 82퍼센트

모든 연령층에서 절반을 훌쩍 넘긴 수치를 보였다. 또한 이들 응답자 안에는 '8시간 이상'이라고 답한 초등학생도 5퍼센트나 있었다.[3] 아이들 사이에서도 이미 안정피로가 만연해 있음을 어렵지 않게 추측할 수 있다.

이런 상황에서 든든한 아군이 되어주는 것이 바로 안경과 콘택트렌즈다. 적절한 시력 교정은 안정피로를 예방해줄 뿐만 아니라 아이들의 근시 위험 또한 낮춰준다. 하지만 이는 바꿔 말하면, 안경과 콘택트렌즈를 잘못 선택할 경우 아군은 커녕 눈에 오히려 악영향을 미칠 수도 있다는 뜻이 된다.

안 맞는 안경 체크리스트

아이들을 기준으로 설명하겠지만 어른의 경우도 마찬가지라 생각하면 된다. 우선은 자신이 아래의 항목에 해당되는지 체크해 보자.

- ☐ 스마트폰, 신문, 책 등을 눈에서 멀리 떨어뜨려 보게 되었다.
- ☐ 낮에는 보이던 것들이 저녁이 되면 잘 안 보이는 것 같다.
- ☐ 글자를 읽는 작업이나 눈앞에서 하는 작업을 할 때 집중하기가 힘들다.
- ☐ 눈 안쪽이 아프다.
- ☐ 어깨결림이나 두통이 이전보다 심해졌다.
- ☐ 글자를 쓸 때 이전보다 크게 쓰게 되었다.

현재 안경을 착용 중이면서 위 항목에 해당되는 분들은 어쩌면 '맞지 않는 안경' 때문에 눈이 SOS 신호를 보내고 있는 것일 수도 있다. 그리고 이러한 증상들을 특히 집에서 일을 하는 중에 자주 느끼는 분들은 원격 근무의 증가로 인한 영향이라 생각된다.

[자료 5-1] 잘못된 안경을 착용하고 글씨를 쓸 때의 크기 변화
작은 글씨들을 장시간 베껴 쓰도록 한 결과, 글자의 크기가 점차 커졌다.

그런데 이는 바꿔 말하면, '내 눈에 딱 맞는 안경'만 구할 수 있다면 이와 같은 증상들이 극적으로 개선될 가능성이 있다는 뜻이다. 잘못된 안경이 원인인 줄도 모르고 생고생하며 지내는 이들이 실제로 아주 많다.

체크리스트 마지막에 있는 '글자를 쓸 때 이전보다 크게 쓰게 되었다'는 항목은 조금 의아하게 느껴질 수도 있다. 그런데 잘못된 안경을 착용한 환자들에게 오랜 시간 동안 책 속의 글을 공책에 작은 글씨로 옮겨 쓰게 했더니 실제로 후반으로 갈수록 점차 글자 크기가 커졌다.

작은 글자를 볼 때는 눈을 글자에 가까이 가져가야 하지만, 큰 글자는 눈을 멀리 두어도 읽을 수가 있다. 그러니 눈이 보내는 SOS 신호를 감지하고 무의식적으로 글자가 점점 커지는 것이다. 최근에 필기한 공책이나 무언가 메모해 둔 것이 있다면 꺼내서 한번 점검해보는 것도 좋겠다.

안경 하나로 아이의 인생이 바뀐다

PD로서 처음으로 〈갓텐!〉이라는 프로그램을 담당했을 때, '안경'이라는 주제로 방송을 한 적이 있었다. 안과 전문의를 비롯하여 그때 취재했던 많은 눈 관련 전문가들이 하나같이 입을 모아 말했었다.

"안경에 대한 건 가지타 씨에게 물어보세요."

일본안광학학회 이사를 역임한 가지타 마사요시 씨는 지금까지 4만 명 이상의 눈을 진찰해 온, 그야말로 눈과 안경 분야의 권위자다. 가지타 씨를 처음으로 취재하던 날 들었던 이야기가 아직도 기억에 남아있다.

"안경 하나로 정말로 인생이 바뀌는 분들이 있습니다. 환자들이 새로 맞춘 안경을 시착해 보면서 깜짝 놀라곤 해요. 저는 환자들의 그런 모습을 보는 게 즐겁고 보람 있어서 이 일을 하고 있습니다."

'안경으로 인생이 바뀐다'는 게 무슨 말일까? 우리는 도쿄에 있는 가지타 씨의 진료소를 찾아가 그를 다시 인터뷰하기로 했다. 진료소를 방문했을 때 맨 처음 놀란 건, 눈과 관련하여 실로 다종다양한 고민을 가진 환자들이 전국 각지에서 그를 찾아온다는 것이었다. 그중 몇 가지 사례들을 보자.

"어디가 아픈 느낌이 아니라 위화감이 심하게 들어요. '무겁다'는 표현이 가장 가까울 것 같긴 한데, 그렇다고 또 정확하게 무거운 느낌도 아니고요. 눈이 잘 안 떠진다고 해야 할지……."(30대 여성)

"누가 제 눈을 꽉 쥐고 뭉개는 것 같은 느낌이 들어요. 두통도 아주 심하고요. 자고 일어나도 나아지질 않아 너무 힘이 들어요."(40대 남성)

듣는 사람까지 힘들어지는 듯한 심각한 상담도 있다.

"눈 상태가 진짜 심각해서 눈을 뜰 수가 없어요. 매일 어지럼증과 편두통에 이명까지 있습니다. 연말쯤부터 증상이 점점 심각해져서, 아주 심할 땐 자리에서 일어나지도 못하고 온종일 누워만 있어야 해요. 직장도 휴직할 수밖에 없는 상태까지 와버려서……."(40대 여성)

마지막 사례의 이 여성은 컴퓨터를 사용하는 사무직에 몸담고 있었다. 그러나 코로나19 바이러스가 확산되기 시작할 무렵부터 눈 상태가 빠르게 악화되어, 현재는 휴직해야만 하는 상황에 놓여있다고 했다. 그리고 우리는 촬영은 원치 않았지만 인터뷰에는 응해 주었던 한 20대 여성의 이야기도 들을 수 있었다.

"전문대를 졸업하고 나서 영상을 제작하는 회사에 취업했는데, 언제부턴가 화면이 잘 안 보여서 안경을 쓰기 시작했어요. 처음에는 시력이 1.5까지 나오면서 눈 상태도 아주 좋고 잘 보였는데요, 점점 두통이 생기고 속이 메스꺼워 토할 것 같은 증상이 심해졌어요. 여러 병원을 전전하면서 뇌 MRI 검사까지 받아봐도 아무 이상이 없다고 하니까, 일도 그만두고 그냥 집에만 계속 틀어박혀 있었어요. 죽고 싶다는 생각을 몇 번이나 했는지 몰라요."

그런데 이야기의 말미에 그녀는 예상 밖의 말을 했다.

"그래도 지금은 안경을 제 눈에 딱 맞는 것으로 바꾸면서 마음도 한결 긍정적으로 바뀌었고 재취업을 위해서 면접도 볼 수 있게 되었어요. 제게도 이런 날이 오다니, 믿을 수가 없네요."

이 여성은 가지타 씨의 진료소에서 진찰한 결과 '안경에 문제가 있다'는 진단을 받았다고 한다. 안경이 내 눈에 맞는지 안 맞는지에 따라 인생까지 바뀐다고 말했던 가지타 씨.

이 여성의 사례를 접한 나는 그의 말이 절대로 과장이 아님을 알 수 있었다.

70퍼센트 이상이 과교정 상태

가지타 씨의 진료소에 내원하는 환자들 중 **눈에 안 맞는 안경을 쓴 사람이 전체의 80~90퍼센트나 된다**고 한다. 가지타 씨의 진료소에는 눈의 불편을 호소하는 환자들이 대부분이니 일반적인 비율보다 높을 것이라고 가정하고 보더라도, 놀랄 만큼 높은 수치임에는 분명하다.

가지타 씨가 특히 주의가 필요하다고 강조한 것은 바로 도수가 지나치게 높은 안경, 즉 '과교정'된 안경이다. 사실 과교정이 불러오는 것은 안정피로뿐만이 아니다. 과교정된 안경이 근시 진행의 위험 또한 높인다는 사실이 이미 연구를 통해 밝혀져 있다.

안경을 제작할 때 도수를 딱 맞게 만드는 것이 좋은지, 아니면 약간 낮추어 만드는 것이 좋은지에 대한 문제는 아직까지 의견이 분분하지만, '과교정만큼은 절대로 피해야 한다'는 결론은 이미 나와 있다. 특히나 과교정이 안정피로를 유발한다는 관점에서 보면 반드시 피해야 한다는 것이 중론이다.

그런데 가지타 씨를 찾아오는 환자들 중, 눈에 맞지 않는 안경을 착용한 이들의 70퍼센트 이상이 과교정 상태라고 한다. 어째서 이렇게 많은 이들이 눈에 좋지 않다고 알려져 있는 과교정 안경을 선택하는 것일까?

비대면, 원격 근무 확대의 영향

가지타 씨의 진료소를 찾은 환자 중 한 명인 쇼지 다케시 씨는 도쿄의 한 대학에서 사회학을 가르치고 있다. 코로나19 바이러스가 확산된 이후부터는 집에서 원격 근무를 하는 날이 급증했다. 전에도 이따금 찾아오던 안정피로가 본격적으로 원격 근무를 하게 되면서 급속도로 악화되었다.

쇼지 씨는 수업과 회의, 연구회 등 거의 모든 업무를 원격으로 진행하고 있었다. 그리고 인터넷에서 학술자료 등을 열람하기 위해 컴퓨터 화면을 계속 들여다봐야만 하는 상황이었다. 원격 근무 이전에 비해 하루에 컴퓨터로 작업하는 시간이 무려 4~5시간이나 늘었다고 한다.

"관자놀이랑 눈과 눈 사이를 항상 꾹꾹 눌러 풀어주지 않으면 눈이 너무 피곤합니다. 심해지면 두통이 오거든요. 그러면 일이고 뭐고 못 하는 거죠."

두통의 빈도도 증가했고, 하룻밤 자고 일어나면 나았던 것이 이제는 다음날까지도 계속 두통이 이어지는 상태가 되었다. 쇼지 씨는 이렇게 증상이 악화되자 가지타 씨에게 진료를 받아보기로 했다. 결국 안경을 새로 맞춘 그는 증상이 현저하게 줄어드는 것을 느꼈다고 한다.

"정말 편해요. 안경이 눈에 맞고 안 맞고가 이렇게나 중요한 건지 새삼 깨닫게 되네요. 그동안 너무 건성으로 안경을 맞춰왔던 게 큰 실수였다는 것을 알았습니다."

쇼지 씨는 지금까지 안정피로로 인한 여러 가지 증상들에 시달려 오던 중, 가지타 씨의 진료소에서 검사를 받고 나서

[자료 5-2] 최근 코로나19의 영향으로 모니터 화면을 보는 시간이 늘어난 이들이 많다.

야 지나치게 높은 도수의 안경이 원인이었다는 것을 알게 되었다. 그런데, 단지 도수를 낮추는 것만으로 과연 이렇게까지 드라마틱한 변화가 실제로 일어날 수 있는 것일까.

과교정된 안경을 쓸 때 눈에 일어나는 일

우선 과교정된 렌즈를 착용했을 때 눈에서 어떤 일이 일어나는지 살펴보자. 우리는 안구를 통해 여러 가지 사물을 본다. 안구로 들어온 빛이 렌즈 역할을 하는 각막과 수정체에서 굴절되어, 스크린 역할을 담당하는 망막 위에 초점을 맺는다. 이러한 일련의 과정을 통해 우리는 사물을 정확하게 볼 수가 있다.

그러나 안구 안쪽의 길이, 즉 안축장이 늘어난 사람은 망막 위에서 초점이 맺히지 못하게 된다. 근시인 사람이 먼 곳의 사물을 또렷하게 볼 수 없는 이유다.

이를 도와주는 것이 바로 안경의 렌즈이다. '렌즈'라고 하면 어릴 적 빛을 모아서 낙엽이나 종이에 불을 붙이던 돋보기처럼 볼록한 모양의 렌즈를 떠올리는 이가 많을 것이다. 그런데 근시용 안경의 경우는 반대로 빛을 퍼뜨리는 오목렌즈가 사용되기 때문에, 렌즈 단독으로는 절대로 초점을 맺지 못한다. 안구 앞에서 렌즈가 일단 빛을 퍼뜨린 뒤, 각막과 수정체가 다시 그 빛을 모으는 '공동작업'에 의해 망막 위에 초점이 맺히게 되는 것이다.

렌즈에 의해 빛이 한번 퍼진 만큼 초점이 더 뒤에서 맺히므로, 늘어난 안축을 가진 근시 환자여도 초점을 망막 위에 위치시킬 수 있게 되는 것이다. (그러고 보니 만화 〈도라에몽〉에서 노진구가 공룡에게 붙잡혔을 때 자신이 쓰고 있던 안경으로 빛을 모아 공룡의 앞발에 불을 붙여서 재치있게 위기를 모면하는 장면이 있었다. 그렇다면 진구는 원시였는지도?)

이때 도수가 지나치게 강한 근시 렌즈를 쓰면 무슨 일이 일어날까? 도수가 강해질수록 빛을 퍼뜨리는 정도도 강해지기 때문에, 초점이 맞을 때까지 긴 거리가 필요해진다. 그 결과, 망막 바로 앞에 있던 초점이 눈보다 훨씬 뒤로(후두부 방향) 벗어나 버린다. 그러면 눈은 수정체를 한껏 부풀려, 빛을 모으는 기능을 강화하여 초점이 맺히는 곳을 앞으로 당겨오려고 애쓴다. 이렇게 망막 위로 초점을 이동시키면 그제야 겨우 사물이 또렷하게 보인다.

그런데 여기서 2가지 문제가 발생한다.

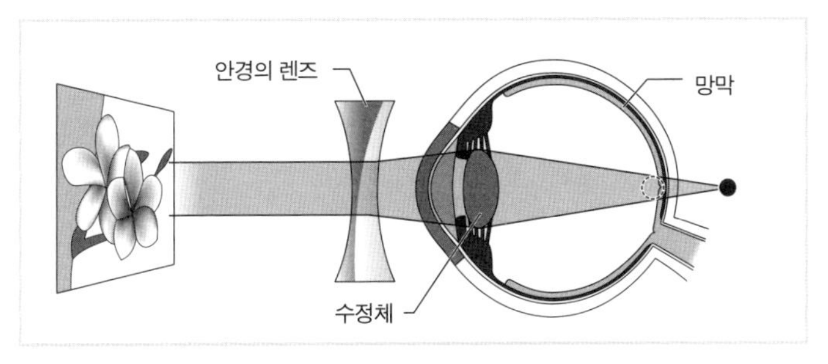

[자료 5-3] 도수가 지나치게 높은 근시용 렌즈를 착용한 경우
초점이 뒤로 너무 많이 밀려 망막 뒤쪽에 맺히므로, 안정피로의 원인이 된다.

- 수정체를 계속 부풀리게 되면 안정피로를 일으킨다.
- 초점이 완벽히는 맞지 않고 상이 늘 조금씩 흐릿하여, 근시 진행 위험이 높아진다.

우선 안정피로에서 주목해야 할 것은 '모양체근毛樣體筋'이다. 모양체근이란 수정체 주변에 위치한 근육이다. 모양체근이 긴장되면 수정체가 팽창하여 빛을 모으는 기능을 높여 초점을 앞으로 당겨오고, 이완되면 수정체가 얇아져 빛을 모으는 기능을 약화시켜 초점을 뒤로 보낸다.

과교정된 안경을 착용하면 앞에 있는 사물의 초점이 망막 뒤쪽으로 넘어가서 맺히기 때문에, 모양체근은 계속 긴장하면서 초점을 앞으로 가져와 망막 위에 맺기 위해 안간힘을 쓴다. 이것이 계속되면 모양체근에 피로가 축적되어 눈의 작

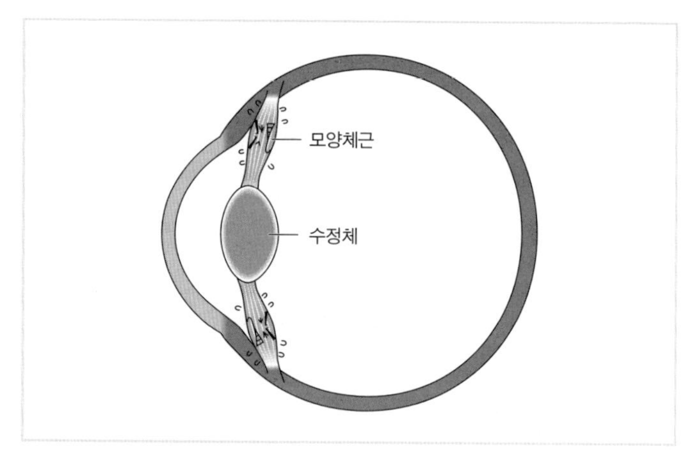

[자료 5-4] 모양체근의 과부하
모양체근은 수정체의 조절기능을 담당하는 근육이다. 우리가 장시간 가까운 곳을 보게 되면 모양체근은 계속 수정체를 두껍게 유지해야 하므로 피로가 쌓인다. 그 결과 눈의 통증이나 작열감을 느끼게 되며, 심해지면 두통이나 어깨결림, 현기증 등을 일으키기도 한다.

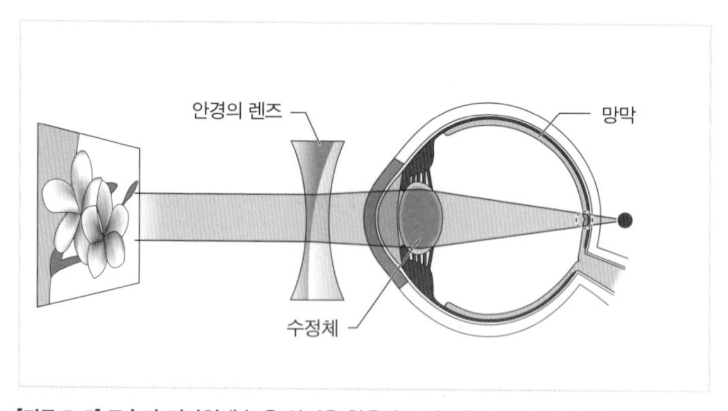

[자료 5-5] 도수가 지나치게 높은 안경을 착용하고 가까운 곳을 보는 경우
초점이 망막 뒤쪽으로 너무 많이 가버린다. 모양체근은 수정체를 부풀려 초점의 위치를 조절하고자 하지만 초점이 정확히 맞지는 않는다. 도수가 강할수록 이러한 초점의 어긋남은 더욱 심해진다.

열감이나 통증, 혹은 사물에 초점을 잘 맞추지 못하는 등의 증상이 나타난다. 또한 모양체근이 긴장할 때는 부교감신경이 활성화되는데, 이 때문에 모양체근이 이완될 때 활성화되는 교감신경과의 균형이 무너지면 두통이나 어깨결림, 현기증 등의 전신 증상이 나타난다고 한다.

또 모양체근이 초점을 망막 위에 맺기 위해 그렇게 애를 써도, 정확하게 딱 맞추지는 못하고 약간의 어긋남이 생긴다. 이것이 2장에서 다루었던 '조절 지연'이라는 현상이다. 이 어긋남은 아주 미세해서 우리 뇌에서는 '상의 일그러짐'을 인식하지 못한다. 그러나 망막 상에는 이 약간의 일그러짐을 민감하게 포착해 내는 세포가 존재하는데, 아마크린 세포가 그것이다.

아마크린 세포는 상이 일그러져 있음을 느끼면 이렇게 착각을 하고 만다. '안축은 원래 나이가 들면서 알맞은 길이로 늘어나야 하는데, 지금은 상이 좀 흐릿하게 보이네? 그렇다면 적정 길이보다 아직 부족하다는 뜻이니까 조금 더 늘려야겠다!' 이렇게 스스로 안축을 늘려 초점을 맞추려 하기 때문에 근시가 진행되어버린다.

근시가 진행되어 눈이 더 나빠지면 또다시 안경 도수를 높이게 되고, 이를 반복하다 보면 안축장은 걷잡을 수 없이 자

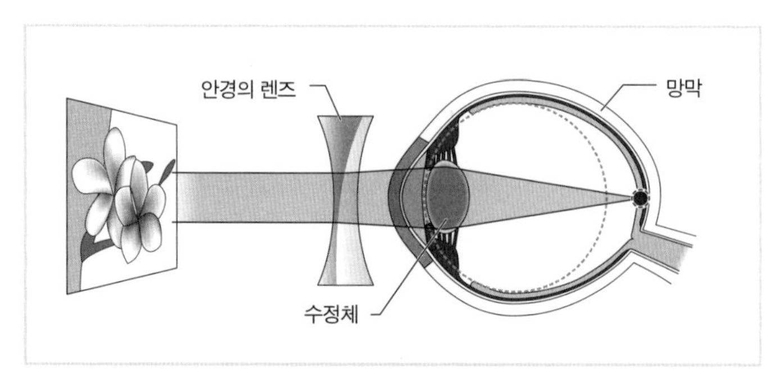

[자료 5-6] 도수가 지나치게 높은 안경을 착용하면 안축장이 늘어날 위험이 증가한다.

꾸만 늘어난다. 우리 근시인들의 든든한 아군인 줄로만 알았던 안경이 근시를 점점 더 악화시켜가는 악순환에 빠지는 것이다.

노안이나 원시여도 눈 근육에 부담이 간다

그런데 모양체근에 부담을 주는 것은 비단 근시만은 아니다. 예를 들어 노안이 오면 수정체가 딱딱해져 초점을 망막 위에 정확히 맞추는 초점 조절 능력이 떨어지게 된다. 즉, 똑같은 초점 조절이라도 수정체가 부드러운 젊은 사람들에 비해 나이 든 사람들은 모양체근이 더 열심히 일해야만 조절이 가능한 것이다. 초점 조절을 포기해버린 '완전한 노안'이 되면 모양체근이 더 이상 부담을 느끼지 않는 경우도 있다고 한다.

두껍게 팽창하여 초점을 망막 앞쪽으로 당겨오는 수정체의 조절 기능을 딱딱해진 수정체에게는 기대할 수 없다. 때문에 빛을 모으는 기능을 가진 플러스 도수의 렌즈(볼록렌즈, 즉 돋보기 안경)를 사용하여 사물을 또렷하게 볼 수 있도록 해주는 것이다.

또한 원시의 경우는 '모양체근에 항시 과부하가 걸려 있는' 상태다. 대부분의 원시는 근시와는 반대로 안축장이 짧아서 일어난다. 평상시에 보는 모든 것들의 초점이 망막보다 더 안쪽에 맺히는 상태, 즉 렌즈를 착용하고 있지 않아도 늘 '과교정'된 것과 같은 상태에 있다고도 말할 수 있다. 이러한 상태로는 먼 곳을 보든 가까운 곳을 보든 항상 수정체를 팽창시켜 초점을 망막 위로 당겨와야 하기 때문에, 모양체근에 가해지는 부담이 매우 크다.

단, 멀리 볼 때는 잘 보이는 경우가 많아 건강검진 등의 검사에서 시력 1.0 이상이 무난하게 나오므로, 별다른 조치 없이 '이상 없음'으로 넘기기 쉽다. 그래서 근시보다 오히려 원시를 놓치고 지나가는 이들이 많다. 일본안과의회의 조사에 따르면, '시력 불량'으로 진단받은 초등학생 중 12.6퍼센트가 원시였다. 시력은 양호하지만 원시인 아이들까지 포함하면

훨씬 더 많은 학생들이 원시일 가능성이 높다.[4]

원시의 위험성으로는 안정피로 외에도, 작은 글씨를 읽는 것이 힘들어져 한자를 적을 때 중앙의 획 하나를 빠뜨리는 등 실수를 하거나, 집중력 저하로 계산능력 등의 성적이 떨어질 가능성도 지적되고 있다.

이를 보완하기 위해서는 노안의 경우와 마찬가지로, 빛을 모아주는 플러스 도수의 렌즈(볼록렌즈)를 착용하여 모양체근의 부담을 덜어줄 수 있다. 그러니 안정피로를 느끼는 성인들은 물론, 주위에 원시로 의심되는 아이가 있다면 꼭 안과 검진을 한번 받아볼 것을 권한다.

안경은 반드시 처방전을 받아 제작하라

가지타 씨의 진료소를 방문하는 환자들은 우선 문진표를 작성하고 간단한 검사를 받은 뒤 본격적인 진찰을 받게 된다. 그리고 진찰 결과를 바탕으로 가지타 씨가 고른 테스트 렌즈를 끼워 임시 안경을 제작한다. 임시 안경의 프레임은 렌즈를 갈아 끼울 수 있게 되어 있어, 프레임에 환자 눈에 적합하다고 여겨지는 렌즈들을 끼워 테스트해볼 수 있다. 그리고 환자

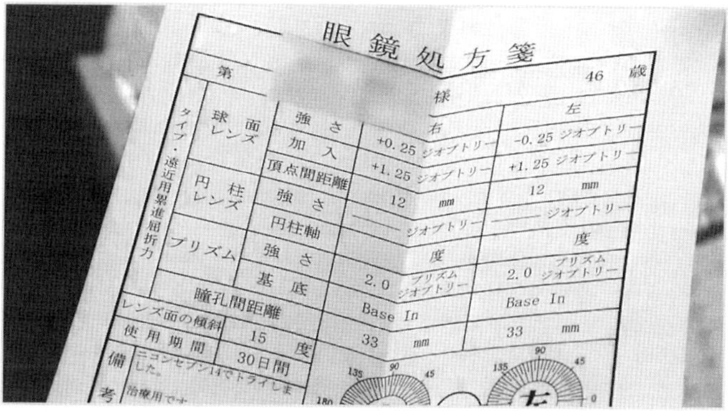

[자료 5-7] 안경 처방전
렌즈의 도수(구면렌즈), 누진굴절력(원주렌즈), 사시용 도수(프리즘 도수) 등 안경을 제작하는 데 필요한 다양한 정보들이 기재되어 있다.

가 실제 착용해 본 느낌을 바탕으로 해서 가지타 씨가 안경 처방전을 작성한다. 그 후 환자는 이 처방전을 안경 판매점에 가지고 가서 처방전의 내용에 따라 새로운 안경을 구입하게 된다.

우리가 방송에서 촬영하고 싶었던 부분은 바로 이 테스트 렌즈를 환자가 처음 착용하는 순간이었다.

"이야, 눈이 정말 편하네요. 쓰자마자 알겠어요. 이거 완전히 딴 세상이네요."(40대 남성)

"선생님 얼굴에서 반짝반짝 빛이 나는데요? 하하하! 아주 깨끗하게 잘 보여요."(50대 여성)

"안경을 쓰고 있는데도 피곤하지 않아요. 어깨 뭉치던 것

도 두통도 싹 사라졌어요."(40대 여성)

"안경을 벗고 있을 때보다 쓰고 있을 때가 오히려 더 편해요."(10대 남성)

과연 진심인지 의심이 들 정도로 환자들의 반응은 호평 일색이었다. 나는 환자들의 인터뷰를 정리하던 중, 이들의 말에 한 가지 공통점이 있음을 깨달았다. 그것은 바로 환자들이 하나같이 입을 모아 '편하다' 혹은 그와 비슷한 표현을 하고 있다는 점이었다.

'잘 보이는 도수'에서 '눈이 편한 도수'로

가지타 씨가 테스트 렌즈를 고를 때 참고하는 데이터가 있다. 일본의 한 검안기기 제조업체와 공동으로 개발한 '조절기능 해석장치'라는 측정기기의 결과 데이터가 그것이다.

이 장치를 들여다보니, 끝도 없이 이어지는 도로 위 파란 하늘에 열기구가 떠 있다. 안과나 안경원에 가면 만날 수 있는 반가운 화면이다. 그러나 기계 속에 보이는 화면은 같아도 이 장치는 어떤 특수한 검사가 가능하다. 바로 '눈에 가해지는 부담의 정도'를 측정하는 것이다.

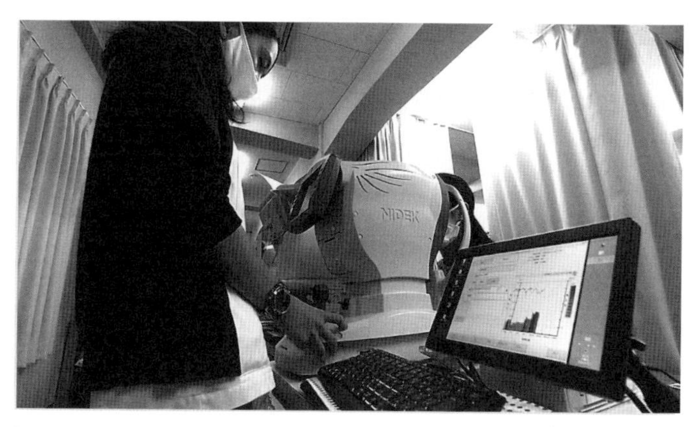

[자료 5-8] 조절기능 해석장치

구체적으로는 사물을 보는 거리를 33센티미터부터 시작해서 가장 멀게는 5미터 이상까지 7단계로 나누어, 각각의 거리에서 사물을 보았을 때 '초점의 위치를 맞추는 데 모양체근에 얼마만큼의 부담이 가해지는지'를 수치화할 수 있다.

안경이 눈에 잘 맞는 환자의 경우에는 측정 결과 그래프가 옅은 색으로 채워졌는데, 이는 모양체근에 가해지는 부담이 크지 않음을 나타낸다. 반면에 또 다른 환자의 경우, 1미터 미만 거리의 대부분이 진한 색 그래프로 표시되었다. 이 환자는 눈에 맞지 않는 안경 때문에 모양체근에 상당한 부담이 가해지고 있는 상태였다.

사실 이 장치가 실제로 측정하고 있는 것은 모양체근의

'떨림'이다. 모양체근은 수정체의 두께를 조절하기 위해 계속 힘이 들어가 있는 상태이기 때문에 미약한 경련을 일으키게 된다. 이러한 모양체근의 떨림이 1초에 몇 회 일어나는지를 정확하게 측정하여 이를 부담의 정도로 환산, 가시화해 주는 장치가 이 '조절기능 해석장치'이다. 대부분의 검안장치가 '잘 보이는지 안 보이는지'를 검사하는 데 반해, 이 조절기능 해석장치는 '부담도'를 검사한다. 무엇보다 어느 정도 거리를 볼 때 가장 부담이 가중되는지를 측정할 수 있다는 점이 이 장치의 포인트라 할 수 있다.

이 장치를 사용하면 현재 착용하는 안경이 내 눈에 잘 맞는지, 또 어느 정도 거리에서 부담을 가장 크게 느끼는지 알아낼 수 있다. 참고로 측정 시에는 안경을 벗고 진행한다. 의아하게 느껴질 수도 있겠으나, 안경을 늘 쓰고 있으면 평소 눈에 가해지는 부담이 안경을 벗어도 눈에 고스란히 기억되어 있어, 나안 상태로 측정해도 같은 결과를 얻을 수 있다고 한다.

가지타 씨가 테스트 렌즈를 고를 때 조절기능 해석장치 데이터와 더불어 또 한 가지 가장 중요한 판단 기준으로 삼는 것은 문진이다. 환자들의 입을 통해 구체적인 증상들을 하나하나 들으면서 다음과 같은 질문을 한다.

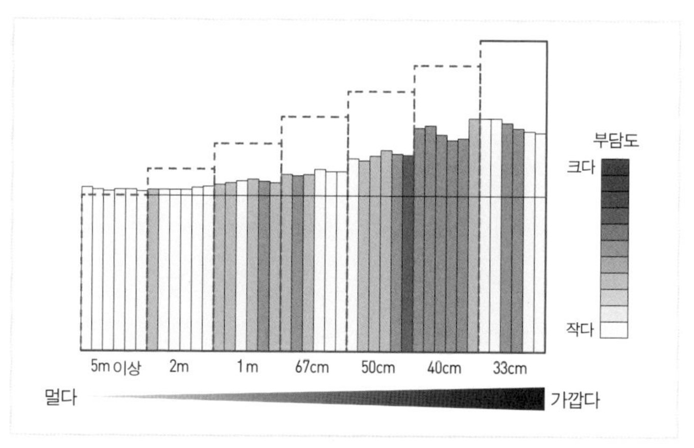

[자료 5-9] 적절한 안경을 착용하고 있는 사람의 검사 결과
오른쪽으로 갈수록 가까운 거리를, 왼쪽으로 갈수록 먼 거리를 보고 있음을 나타낸다. 그래프의 색을 살펴보면, 큰 부담이 가해지고 있음을 표시하는 진한 색이 없고 대부분 연한 색의 그래프로 채워져 있다.

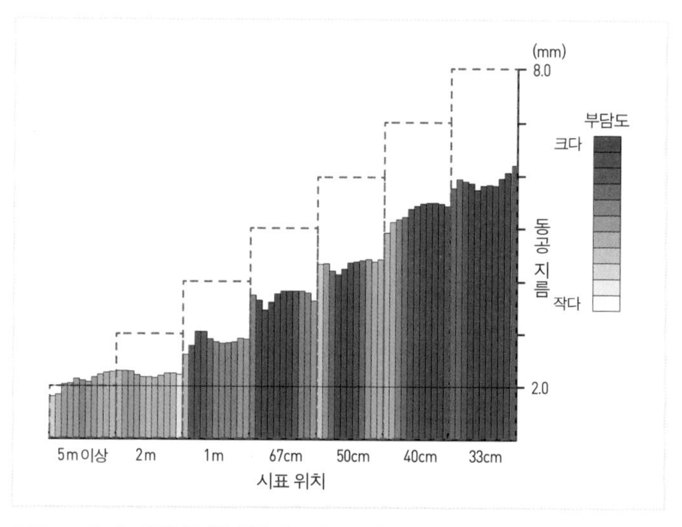

[자료 5-10] 과교정된 안경을 착용하고 있는 사람의 검사 결과
전체적으로 짙은 색이 많고 가까운 거리를 볼 때 특히 색이 짙게 나타나고 있다. 초점 조절 시 상당히 큰 부담이 가해지고 있음을 알 수 있다.

"안경을 언제 가장 많이 착용합니까?"

"무슨 일을 하십니까? 앉아서 하는 작업이 많은가요?"

"뭘 가장 많이 봅니까? 컴퓨터? 스마트폰?"

이런 질문들이 안경 도수와 도대체 무슨 상관이 있을까 싶은 의문도 들 수 있다. 시력이나 굴절도수와 같은 '눈의 특성'만 확실하게 알아내면 안경 도수는 자연히 그에 따라 결정되는 것이라고 흔히들 생각하기 때문이다.

그러나 이러한 사고방식이야말로 초 근시 시대에 과교정이 증가하고 있는 이유라 할 수 있다. 가지타 씨가 위와 같은 질문을 하는 이유는 환자가 평소 안경을 많이 쓰는 시간대에 눈과 사물과의 거리가 대략 어느 정도 되는지를 파악하기 위해서다. 그 거리에서 사물을 볼 때 환자의 눈이 가장 편할 수 있는 도수를 골라 렌즈를 테스트하고 처방전을 작성한다고 한다.

즉 '내 눈에 꼭 맞는 안경 선택법'의 핵심 포인트는 '먼 곳까지 또렷하게 잘 보이는 안경'이 아니라, '평소 눈을 많이 쓰는 시간대의 눈과 사물과의 거리를 기준으로 했을 때 내 눈이 가장 편하게 느끼는 안경'을 제작하는 것이다.

'내 눈에 가장 편한 안경'의 기준은?

그렇다면 '사물을 편하게 볼 수 있는 안경'이란 구체적으로 어느 정도 도수의 렌즈가 들어간 안경을 말하는 것일까? 결론부터 말하자면, 내 눈에 편하게 사물이 보이는 거리를 앞뒤로 옮겨서 '잘 보이는 거리'와 '편하게 보이는 거리'를 일치시킨 도수의 안경이라고 할 수 있다.

개념이 조금 복잡할 수 있으니 간단하게 정리해 보자. 앞서 등장했던 모양체근이라는 근육은 대단히 부지런하여, 우리가 시선을 이리저리 옮기며 다양한 거리에서 사물을 볼 때 일부러 의식하지 않아도 초점을 순간적으로 알아서 맞춰준다. 바꿔 말하면, '저기에다 초점을 맞춰야겠다!' 하고서 수동으로 초점을 맞춰 사물을 보는 사람은 아무도 없다. 즉, 모양체근은 내 의지로 움직일 수 없는 불수의근不隨意筋이기 때문에, 일반적으로 훈련 등을 통해 단련할 수 없다고 알려져 있다.

그런데 쉼 없이 일하는 이 모양체근에도 사물을 볼 때 부하가 전혀 걸리지 않는 순간이 존재한다. 수정체의 두께를 조절하지 않아도 정확하게 망막 위에 초점이 맺히는 거리에서 사물을 보는 순간이다. 이 거리를 '조절안정위調節安靜位'라 부른다.

이 조절안정위를 알아내려면 어떻게 해야 할까? 우리는 가지타 씨의 자문을 바탕으로 촬영 스튜디오에 조절안정위 측정을 위한 세트를 마련했고, 30명의 참가자를 모집하여 실험을 해보기로 했다. 앞뒤로 이동할 수 있도록 다리에 바퀴가 달린 칠판을 여러 대 준비했고, 칠판 위에는 시력검사 때 만날 수 있는 친숙한 'C' 모양 기호를 그려 놓았다(이 기호는 고안자인 프랑스 안과의사 에드먼드 란돌트Edmund Landolt의 이름을 따 '란돌트 고리'라는 명칭으로 불리며, 1909년에 국제 표준 시표로 채택되었다).

그리고 [자료 5-11]처럼 시력이 비슷한 피험자들을 옆으로 나란히 서게 하여 조명이 밝은 상태에서 칠판이 어느 지점에 오면 C 표시의 뚫린 곳이 잘 보이는지 물었다. 요컨대, C의 크기를 바꾸는 것이 아니라 C의 위치를 바꾸는 방법으로 시력검사를 실시한 것이다. 대부분의 피험자가 비슷한 거리에서 잘 보인다고 답하였는데, 시력이 비슷하다는 것은 멀리 떨어져 있는 사물을 보는 능력이 비슷하다는 뜻이므로 이는 당연한 결과라 할 수 있다.

그런데 진짜 중요한 실험은 그다음이다. [자료 5-12]와 같이 스튜디오 내의 조명을 모두 끄고 외부로부터 들어오는 빛도 철저히 차단하여 '농도 짙은 암흑 상태'를 만들었다. 그리고 피험자들에게 방금 전과 같이 C의 뚫린 부분이 어디인지,

어느 정도 거리에서 잘 보이는지를 답하게 했다. 물론 칠흑 같은 어둠 속에서는 보일 리가 없다. 그래서 섬광 장치에 빛이 들어오는 찰나의 순간 동안만 C 표시를 보고 판단하게 하였다.

이 '찰나의 순간'이 이번 실험의 가장 중요한 포인트다. 어둠 속에서 아무것도 보이지 않을 때, 모양체근은 초점을 맞출 필요가 없어져서 이른바 '땡땡이치는' 상태가 된다. 그때 한 순간 C에 빛을 비추면 모양체근은 황급히 초점을 맞추려고 시도한다. 그러나 빛이 너무 순식간에 사라져 모양체근이 초점을 맞출 시간이 없다. 그러니 피험자들에게 C 표시의 뚫린 방향이 정확히 보이는 것은 '모양체근이 일을 하지 않아도 초점이 맞는 거리'에 C 표시가 있을 때뿐이다. 바로 이 거리가 그 사람의 '조절안정위'인 셈이다.

결과를 살펴보니 시력이 비슷해도 조절안정위는 제각각이었다. 가지타 씨에 의하면, 조절안정위는 안축의 길이는 물론이고 각막의 곡률 정도나 조절되지 않은 상태의 수정체의 두께 등 다양한 요인에 의해 결정된다고 한다. 평소에는 그다지 의식할 일이 없지만, 이 또한 시력과는 전혀 다른 '눈의 특성'이라고 말할 수 있을 것이다.

결론적으로, 안경 렌즈의 도수를 조절해 줌으로써 이 조절

[자료 5-11] 조절안정위를 계측하기 위한 실험(밝을 때)
밝은 곳에서 각 피험자에게 C 표시의 뚫린 부분이 보이는 위치를 답하게 하였다. 다섯 명의 피험자가 모두 비슷한 시력이기 때문에, 비슷한 거리에 칠판이 서 있다.

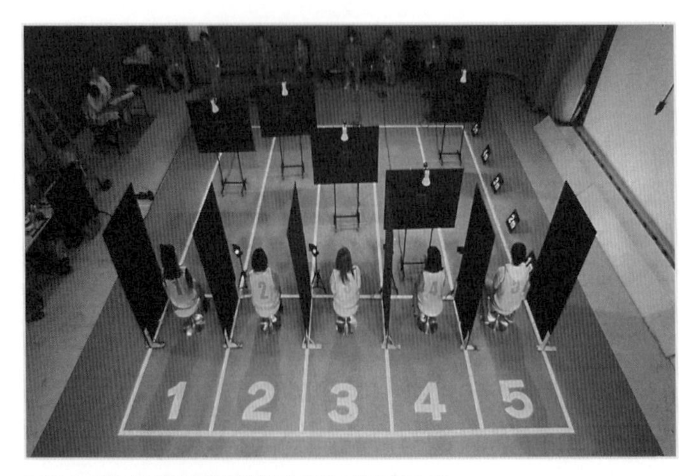

[자료 5-12] 조절안정위를 계측하기 위한 실험(어두울 때)
야간 투시 스코프로 촬영한 사진이다. 빛이 전혀 들어오지 않는 상태에서 각 피험자에게 C 표시의 뚫린 부분이 보이는 거리를 답하게 했다. 5번 피험자는 멀고 4번 피험자는 매우 가깝다. 시력이 비슷하더라도 조절안정위는 각기 다름을 알 수 있다.

안정위를 내가 평소에 많이 보는 거리와 맞춰준다면 '눈이 편한 안경'을 만들 수 있다는 것이다.

사실 가지타 씨가 검사 시에 사용하는 '조절기능 해석장치'는 이 '조절안정위'를 파악하기 위한 검사장치이기도 하다. 조절안정위가 직접적으로 데이터화되어 나오는 것은 아니지만, 문진을 통해 파악된 환자의 평소 생활습관과 현재 사용하는 안경의 도수 등에 근거하여 해당 환자의 조절안정위를 분석해 내는 것이다.

현재까지 개발된 다양한 렌즈의 기능

눈이 편한 안경을 제작하는 데는 도수뿐만 아니라 렌즈가 가진 다양한 '기능' 또한 큰 힘이 된다. 실제로 가지타 씨는 적합한 도수와 더불어 필요한 기능들을 검토하여 처방전을 작성한다. 현재까지 개발된 다양한 렌즈들이 어떠한 기능을 가지고 있는지 몇 가지 살펴보자.

① 누진 굴절력 렌즈(경계선이 없는 원근 양용 렌즈)

이전에는 원근 양용 렌즈라 하면 커다란 렌즈 중앙에 작은 창문처럼 다른 도수의 렌즈가 붙어 있거나, 아래쪽 절반이 나뉘어져 있어 위아래에 각각 다른 도수의 렌즈를 넣는 식의 겉으로 표가 많이 나는 렌즈가 주류를 이루었다.

그러나 지금은 렌즈에 경계선이 없고 장소에 따라 서서히 도수가 변화하는 누진 굴절력 렌즈가 주류로 자리잡았다. 근시용의 경우 일반적으로 렌즈 위쪽으로 갈수록 도수가 높고(먼 곳이 잘 보임) 아래쪽으로 갈수록 낮게(가까운 곳이 잘 보임) 제작되어 있다.

이렇게 제작하는 이유는 먼 곳을 볼 때(역에서 전광판을 볼 때 등) 시선이 위로 가고, 가까운 곳을 볼 때(눈앞의 자료를 읽을 때 등) 시선이 아래로 향하는 경우가 많기 때문이다. 과거의 원근 양용 렌즈는 상이 일그러지는 정도가 크고 범위도 넓어 끝내 적응하지 못하는 이들이 많았다고 한다. 하지만 렌즈 가공 기술이 대폭 개선됨에 따라 이제는 큰 어려움 없이 적응하여 일상에서 사용하는 이들이 많아지고 있다.

위아래 도수의 차이를 어느 정도로 둘 것인지는 해당 사용자가 안경을 착용하고 어느 정도 거리의 사물을 보는지에 따라 달라지는데, 다음과 같은 3가지 형태를 예로 들 수 있다.

- 원근용: 시선의 위치를 바꾸기 위해 약간의 요령이 필요하

나, 가까운 주변부에서부터 먼 곳까지 모두 잘 보인다. (안경을 계속 착용한 채로 운전부터 사무 업무와 가사까지 폭넓게 가능)

- 중근용: 몸 주변의 가까운 곳부터 공간 안의 모든 사물이 잘 보인다. 근근용에 비해 먼 곳도 더 잘 보인다. (가사 중심의 생활, 사무 업무와 미팅 겸용 등)
- 근근용: 먼 곳은 잘 보이지 않지만, 몸 주변이나 화면 등 가까운 거리가 매우 편하게 보인다. (스마트폰이나 컴퓨터 화면, 서류 등의 사무 업무용)

앞서 등장했던 가지타 씨의 환자 중 대학교수인 쇼지 씨는 안경을 바꾼 이후 삶이 더없이 즐거워졌다고 말했는데, 그가 처방받은 것이 이 원근용 안경이었다. 필자 또한 취재가 끝난 후부터 이 원근용 렌즈를 사용하게 되었고, 그때부터 하루 종일 이 안경을 쓰고 생활하고 있다. 예전에 비해 안정피로가 몰라보게 개선된 것을 보면, 여태껏 하나의 도수로 다양한 거리의 사물들을 보려고 했던 것 자체가 눈에 무리를 준 것이 아닐까 생각한다.

그리고 이 누진 굴절력 렌즈를 근시가 진행되는 아이들에게 사용하면 근시 진행 위험을 억제할 수 있다는 연구도 있다. 전에는 '원근 양용'이라 하면 고령자들이나 쓰는 것이라

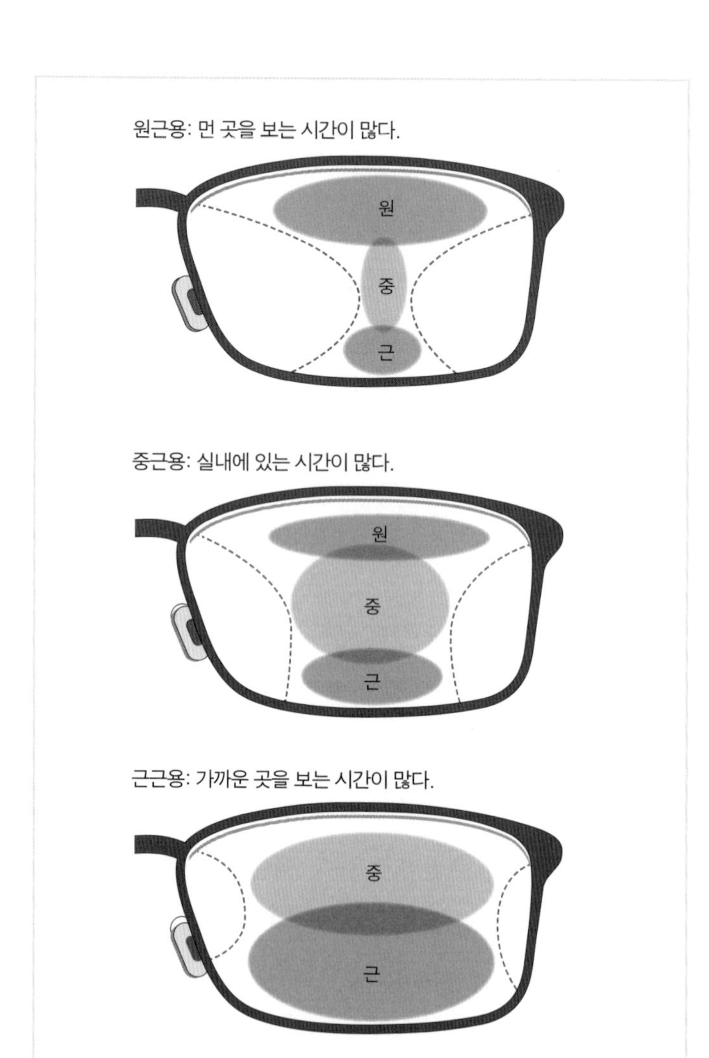

[자료 5-13] 누진 굴절력 렌즈의 종류
원근용(위)·중근용(중간)·근근용(아래) 등 용도에 따라 다양한 종류가 있다.

는 인식이 많았는데, 지금은 아이들을 포함해 젊은 사람들에게도 두루 권장되고 있다.

② 누진 굴절력 콘택트렌즈

누진 굴절력 렌즈 이야기를 하면 '난 평소에 콘택트렌즈를 끼는데…' 하며 아쉬워하는 이들이 있다. 그런데 사실 콘택트렌즈에도 누진 굴절력 렌즈(다초점 콘택트렌즈)가 있다.

근시용의 경우, 일반적으로 렌즈 도수가 중심부에서 바깥으로 갈수록 낮아지는 형태이다. 안경과 마찬가지로 경계선이 없고 서서히 도수가 바뀌게 되어 있으며, 소프트 렌즈와 하드 렌즈 모두에 적용할 수 있다.

하드 렌즈의 경우에는 가까운 곳을 볼 때 얼굴을 움직이지 않고 시선을 조금만 아래로 내리면 렌즈가 약간 위쪽으로 밀려 가장자리의 낮은 도수로 편하게 사물을 볼 수 있는 구조로 되어 있다. 이를 교대시交代視 타입이라 한다. 그리고 소프트 렌즈의 경우에는 시선을 옮기지 않아도 그 상태로 먼 곳과 가까운 곳 모두 초점이 맞도록 되어 있다. 이를 동시시同時視 타입이라 한다.

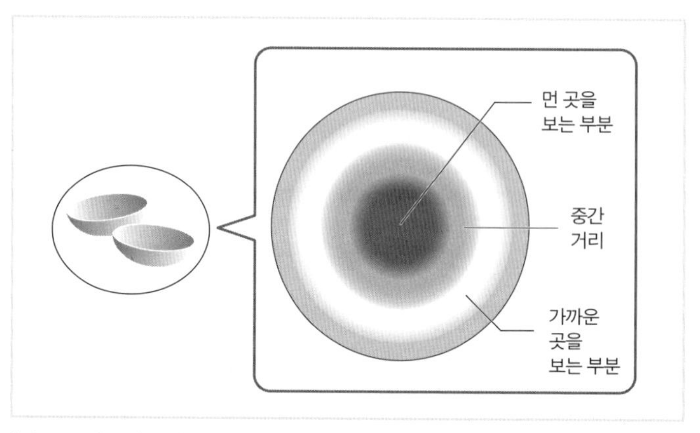

[자료 5-14] 누진 굴절력 콘택트렌즈의 구조
중앙부는 먼 곳을 보기 위해 도수가 높고, 가장자리는 가까운 곳을 보기 위해 도수가 낮게 배치되어 있다. 누진 굴절력 렌즈와 마찬가지로 경계선이 없으며, 도수가 점진적으로 변화한다.

③ 프리즘 렌즈

사실 도수라는 것은 눈 각각의 특성과 생활환경에 의해 결정되는 수치다. 그러나 우리 눈은 본디 양쪽 눈을 모두 사용하여 사물을 보도록 설계되어 있다. 여기서 문제가 되는 것이 '폭주輻輳'이다.

폭주란 원래 '한데로 모여들어 혼잡한 모양'이라는 뜻이다. 그러나 안과 분야에서는 '양쪽 눈으로 보기 위해 눈이 한쪽으로 치우치는 것'을 가리킨다. 가까운 곳을 오랫동안 들여다볼 때 이러한 폭주가 문제가 된다.

지금 아무 손가락이나 하나를 세워 똑바로 응시하면서 멀리서부터 점차 양쪽 눈의 중앙으로 가까이 가져와 보자. 당신은 어느 정도 거리까지 양쪽 눈으로 손가락을 볼 수 있을까. 10센티미터 정도까지 손가락이 가까이 와도 눈이 쏠린 상태를 그대로 유지하면서 양쪽 눈으로 똑바로 응시할 수 있다면 당신은 폭주의 부담을 적게 느낀다고 봐도 된다.

하지만 사물이 그 정도로 가까워졌을 때 양쪽 눈으로 볼 수가 없거나 눈이 안쪽으로 쏠린 상태를 유지하기 힘들다면 주의가 필요하다. 이 경우는 모양체근이 아니라 안구를 움직이는 근육인 '외안근'에 부담이 가해져 안정피로를 일으킬 가능성이 있다.

이럴 때 도움이 되는 것이 '프리즘 렌즈'이다. 이 렌즈는 가까운 사물을 볼 때 눈을 가까이 모으지 않아도 잘 보이도록 빛을 굴절시켜 준다. 반대로, 눈이 안쪽으로 몰려 있는 상태에서 먼 곳이 잘 보이도록 해줄 수도 있다.

프리즘 렌즈는 특히 '사시'인 사람들에게 매우 중요하다. 우리 눈의 특징 중에는 사실 '안구의 방향'이라는 요인도 존재한다. 다시 말해, 외안근에 힘이 들어가 있지 않은 상태에서 안구가 어느 쪽을 향하고 있는지를 의미한다. 안구에 긴장이 없는 상태에서 안구가 똑바로 정면을 향하고 있는 것이 아니라 바깥쪽으로 돌아가 있는 상태를 '외사시', 반대로 안쪽으로 돌아가 있는 상태를 '내사시'라 한다.

사시인지 아닌지를 간단하게 체크해볼 수 있는 방법이 있다. 가족 등 가까운 이의 도움이 필요하다. 도와주는 이가 대상자의 앞에 서서 검지를 세워 대상자의 눈앞에 둔다. 대상자는 그 손가락을 양쪽 눈으로 똑바로 바라보는 상태에서 한쪽 눈을 손바닥으로 가린다. 그다음 손바닥을 치우고 다시 손가락을 바라본다. 이때 앞에 서 있던 사람은 대상자의 가려져 있던 눈이 그 순간 미세하게 움직이는지 그대로 있는지를 체크한다.

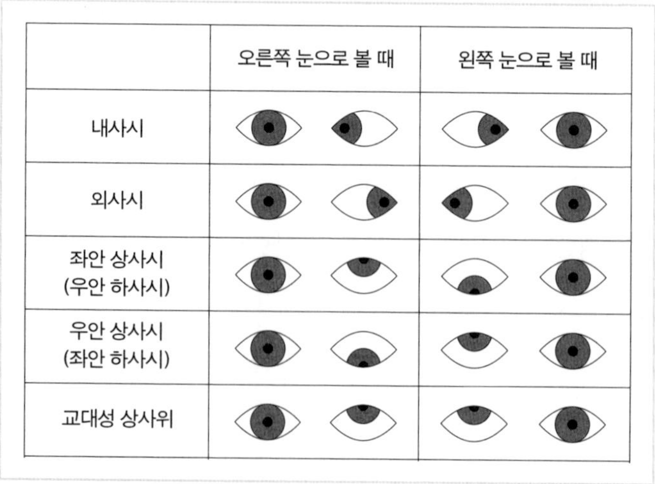

	오른쪽 눈으로 볼 때	왼쪽 눈으로 볼 때
내사시		
외사시		
좌안 상사시 (우안 하사시)		
우안 상사시 (좌안 하사시)		
교대성 상사위		

[자료 5-15] 내사시·외사시 등의 예
(출처: 일본안과의회 홈페이지)

눈이 바깥쪽에서 안쪽을 향해 움직였다면 '외사시', 반대로 안쪽에서 바깥쪽으로 움직였다면 '내사시'일 가능성이 있다. 양쪽 눈 모두가 사시인 사람도 있고, 한쪽 눈만 사시인 사람도 있다.

단시간이라면 눈이 한쪽으로 치우쳐 있는 폭주 상태가 그렇게까지 큰 부담이 되지 않는 경우가 대부분이지만, 그 상태가 장시간 지속되면 눈 주위의 작열감이나 통증, 어지럼증, 두통 등의 증상이 나타나기도 한다. 이런 경우 프리즘 렌즈를 사용하면 눈에 가해지는 부담을 크게 줄일 수 있다.

안경을 맞출 때 반드시 해야 할 4가지

마지막으로, 인생을 바꿔놓을 정도로 내 눈에 꼭 맞는 안경을 만나기 위해 여러분이 할 수 있는 일들을 정리해 보자.

가지타 씨의 진료소에서 보았던, 모양체근의 부담도를 측정하는 '조절기능 해석장치'는 해당 제조업체에 문의해 보니 현재 일본 내에 500여 대가 출하되어 있다고 한다. 안경 착용인구에 비하면 결코 많다고 할 수 없는 숫자다. 그러나 이 장치를 구비하고 있는 병원이 집 근처에 없더라도 방법은 있다.

가지타 씨가 조언해 준 포인트는 다음 4가지다.

① **우선 안과의와 상의한다.** 안정피로 등의 증상이 있는 사람은 우선 안과의의 상담을 받아볼 것. 의사에게 어떠한 증상들이 있는지를 상세히 이야기하는 것이 중요하다. 이때 '운전을 하면 피로를 느낀다', '가까운 사물을 오래 보면 피로를 느낀다' 등과 같이, 어떤 상황에서 해당 증상을 느끼는지를 구체적으로 이야기하는 것이 좋다.

② **의사의 처방전을 받는다.** 처방전을 받을 때 중요한 것이 '편하게 보이는 안경을 원한다'고 의사에게 반드시 이야기하는 것이다. 4가지 포인트 중 사실상 이 부분이 가장 중요하다고 할 수 있다.

③ **'어떤 용도'의 안경인지 이야기한다.** 아울러 그 안경을 구체적으로 '무엇을 할 때', '어느 정도의 거리를 볼 때' 주로 사용할 것인지 등도 상세히 이야기하는 것이 좋다.

④ **병원에서 받은 처방전대로 제작된 안경을 구입한다.** 안경 판매점으로 가서 처방전에 작성된 내용대로 안경 제작을 요청한다.

각각의 항목들을 조금 더 자세히 알아보자. ① 우선 안과의와 상의한다. 콘택트렌즈 사용자들은 대부분 처방전을 받기 위해 안과를 찾지만, 안경은 처방전 없이 안경원에 가서 안경사가 권해주는 안경을 그대로 구입하는 이들이 아직 많은 듯하다.

그러나 특히 안정피로 등과 같은 구체적인 증상으로 고생 중이라면, 안경을 구입하기 전에 반드시 안과에서 검진을 받아볼 것을 권한다. 그 증상들이 어쩌면 단순히 안경이 눈에 맞고 안 맞고의 문제가 아니라, 어떤 다른 안질환으로 인한 증상일 가능성도 있기 때문이다. 근시(특히 강도근시)인 사람이라면 여러 가지 합병증의 위험이 증가해 있는 상태이니, 이 기회에 안과를 찾아 안저검사 등의 검진도 함께 받아보는 것은 어떨까.

병원을 선택할 때는 안과 전문의를 검색해보는 것도 하나의 참고가 될 것이다. 안과 전문의는 일본안과학회가 인정하는 전문의 제도로, 5년간의 안과 임상 수련과 전문의 인정 시험 합격 등의 조건이 요구된다. 또한 이 자격은 5년마다 갱신해야 한다. 각 행정구역별로 안과 전문의를 검색할 수 있는 인터넷 사이트가 있어, 집에서 가까운 진료소나 병원에 근무하는 안과의를 미리 검색해볼 수가 있다.[5]

다음으로 ② 의사의 처방전을 받는다. 안과의의 입장에서도 최대한 환자가 만족할 수 있는 처방전을 써주고 싶을 것이다. 그러니 반드시 의사에게 "먼 곳을 보기 위한 안경이 아니라, 눈이 편한 안경이 필요하다"고 확실하게 이야기해야 한다.

또한 일본에서는 현재 안경 처방전에 질환명이나 증상 등을 명기하면 안경 구입 비용이 의료보험 적용 대상이 된다. 법령 등에 대해서는 이후 개정될 가능성도 있으니, 국세청 사이트 등을 통해 보험 적용 대상인지 확인해 보시기 바란다. 대상 질환명에는 앞서 설명했던 '사시'도 포함되므로, 프리즘 렌즈 등을 구입할 때에는 의료보험 적용이 가능할 수도 있다. 백내장 등의 지병을 가지고 있는 경우도 보험 적용에 대해 안과의와 꼭 상의해 보기 바란다.[6]

③ 어떤 용도의 안경인지 이야기한다. ②에서 눈이 편한 안경을 처방받는 데 필수불가결한 정보들을 의사에게 반드시 전달해야 한다는 것이다. 평소 어느 정도 거리를 볼 때가 가장 많은지를 설명하고, 그 거리에서 눈이 가장 편하게 잘 볼 수 있도록 도수를 설정해달라고 해야 한다.

평소에 안경을 착용한 채로 다양한 거리를 봐야 하는 사람은 앞에서 설명했던 '누진 굴절력 렌즈'를 검토해보아도 좋을 것이다. 진료 시 이와 같은 내용을 환자가 상세히 설명할 때

의사가 빠짐없이 잘 듣고 처방에 반영하는지 여부 또한, 좋은 처방전을 써줄 수 있는 좋은 안과의를 판별해 낼 수 있는 중요한 포인트가 될 것이다.

마지막으로 ④ 병원에서 받은 처방전대로 제작된 안경을 구입한다. 이 항목에 대해서는 굳이 따로 설명할 필요가 있나 싶겠지만, 이 '처방전대로'라는 부분이 매우 중요하다.

특히 안과의와 상의 끝에 약간 '과감하게' 안경 처방전을 받았을 때, 예컨대 가까운 곳 위주로 보기 위해 상당히 낮은 도수로 처방했다거나 프리즘을 강하게 넣었다거나 할 경우, 자세한 사정을 모르는 안경사로부터 "이대로 맞춰도 정말 괜찮겠냐"는 말을 들을 때가 있다.

나 역시도 실제로 그런 경험이 있다. 안경을 맞추러 갔는데 내 처방전을 본 안경사가 "프리즘을 조금 더 약하게 낮추는 게 나을 것 같은데 어떻게 할까요?" 하고 물은 적이 있었다. 안경사에게 이런 말을 들으니 '정말 괜찮은 걸까?' 하며 순간 마음이 흔들렸는데, 안과의와의 상담 내용을 다시 상기해 보고 나서 결국 처방전대로 안경을 맞추었더니 눈이 아주 편안하고 쾌적했다.

애초에 의사의 처방전을 마음대로 바꾸는 것 자체가 안될 일이지만, 그래도 안경사의 의견이 타당하다는 생각이 든다면 안과의에게 연락하여 상의해 보거나 다시 진료를 받아 처방전을 새로 받는 방법도 있다. 조금 수고스럽겠지만 그만큼의 가치는 있다.

안경이라는 것은 누군가에게는 가족 이상으로 오랜 시간을 함께 붙어 지내는 중요한 존재다. 그렇기 때문에 만약 눈에 맞지 않는 안경을 계속 쓰게 되면 그 악영향이 쌓이고 쌓여 걷잡을 수 없이 커지고 만다. 그러니 여러분은 인생의 동반자를 찾는다는 마음으로 '내 인생을 바꿔줄 안경'을 찾았으면 좋겠다.

무엇이 과교정을 초래하는가

그렇다면 도대체 왜 과교정 안경을 선택하는 이들이 이토록 많은 것일까. 사실 이 질문에 대한 답은 우리가 평소 생각하는 '좋은 눈'에 대한 인식과 밀접한 연관이 있다. 컴퓨터, 태블릿, 스마트폰 등 디지털 기기의 급속한 보급으로 일상 속에서 눈과 사물 간의 거리가 30센티미터 이내인 근업을 하게 되는 시간이 크게 늘어났다. 여러분들의 지난 1주일을 떠올려 보자. 단 하루라도 근업을 하지 않았던 날이 과연 있을까.

우리는 바야흐로 초 근시 시대를 살아가고 있다. 그럼에도 불구하고 다들 왜 굳이 가까이 볼 때 피로가 쌓이는 과교정된 안경과 콘택트렌즈를 착용하는가. 가만히 생각해 보면 시대를 역행하는 듯한 느낌마저 들지 않는가. 그 이유 중 하나로, '초 근시 시대임에도 과교정을'이 아니라, 실상은 '초 근시 시대이기 때문에 과교정'이 되어버렸다 해야 할 것이다.

무슨 의미일까? 앞에서 '안경이 눈에 안 맞아 가지타 씨의 진료소를 방문하는 환자들 중 70퍼센트 이상이 과교정'이라고 했는데, 이 말에는 약간의 첨언이 필요하다. 여기에는 '라이프 스타일을 고려했을 때 과교정 상태인 환자도 포함'한다는 것이다. 즉, **과거의 일상이었다면 적당하다 할 수 있는 도수도, 근업이 증가한 지금의 초 근시 시대에서는 '과교정'과 똑같은 상황을 만들게 된다**는 것이다.

2장에서 설명한 대로, 눈과 사물 간의 거리가 가까우면 가까울수록 초점은 망막 뒤쪽으로 점점 더 벗어나 버린다. 같은 이치로, 어느 정도 떨어진 곳을 볼 때는 초점이 망막 위에 잘 맺히는 적정 도수의 안경인데, 이 안경을 쓰고 근업을 하게 되면 망막 뒤로 초점이 넘어가게 되는 것이다. 즉, 먼 곳이 잘 보이는 안경은 요즘처럼 가까운 곳을 오랜 시간 볼 일이 없었던 시절을 기준으로 하여 만들어진다는 것이다.

라이프 스타일이 이미 극적인 변화를 맞이하였음에도 여전히 과거의 기준을 바탕으로 안경을 제작하고 있으니, 그렇게나 많은 이들이 오늘날 과교정 상태에 놓여있게 된 것이다. 가지타 씨는 이러한 현 상황에 대해 다음과 같이 표현했다.

"우리 눈한테 있어서는 너무나 가혹한 시대인 거죠. 지금껏 인류가 경험하지 못했던 초 근거리 작업을 장시간 해야만 하는 환경에 놓여있는 거니까요."

시력에 대한 맹신을 버리자

가지타 씨의 이야기를 들으며 깊이 공감했던 또 하나의 단어는 바로 '시력에 대한 맹신'이었다. 시력검사에서 1.0을 받았던 적이 있는 사람이라면 괜스레 어깨가 으쓱해졌던 기억이 있을 것이다.

적어도 나는 그랬다. 중학교 1학년 때 시력 1.2가 나왔는데 '100점 만점에 120점'을 받은 기분이 들어 의기양양했던 기억이 난다. 그런데 우리는 아주 중요한 것을 놓치고 있다. 애초에 '시력'이라는 것이 무엇인가? 시력에는 몇 가지 종류가 있는데, 우리가 흔히 이야기하는 시력은 '원견시력遠見視力'이라 불리는 종류다. 이는 다시 말해 '먼 곳이 잘 보이는지 안 보이는지'를 판단하는 지표이다. 우리는 근업이 증가한 지금의 초 근시 시대를 살아가면서도 여전히 먼 곳이 잘 보이는지를 판단하는 지표만으로 눈의 좋고 나쁨을 결정하고 있는 것이다.

취재 중 역사로 남아있는 과거의 시력검사 사진들을 조사하다가, 제2차 세계대전 시의 징병검사 장면이 찍힌 사진을 찾아냈다. 시력을 측정하고 있는 청년들의 모습이었는데, 전장에서 먼 곳까지 잘 볼 수 있는 능력은 분명 매우 중요했을 것이다.

또한 역사를 거슬러 올라가면, 과거 아라비아에서는 우수한 전사를 선발하는 시험으로서 북두칠성을 이용한 시력검사를 실시했다고 한다. 북두칠성의 국자 손잡이 쪽에서부터 두 번째에 위치한 별인 미자르, 그리고 바로 옆에 어둡고 작은 알코르라는 별이 있다. 이 두 개의 별을 구분해낼 수 있는지를 시험하여 우수한 병사를 선발했다고 한다. 전쟁에 있어서 먼 곳을 잘 볼 수 있는 능력이 얼마나 큰 장점으로 여겨졌는지를 알 수 있다.

그러나 현대에는 운전할 때나 역의 표지판 등을 읽을 때 말고는 기본적으로 가까운 곳을 주로 본다. 그런데도 먼 곳을 보는 능력을 표시하는 원견시력을 눈의 지표로서 그대로 사용하면서 맹신해 온 결과(물론 원견시력검사 또한 중요한 검사임에 틀림없지만), 우리가 안경을 구입할 때 자연스럽게 '먼 곳이 잘 보이도록' 제작하게 되는 것이다.

도수를 강하게 넣으면 원견시력이 올라가고 먼 곳을 잘 볼 수 있게 된다. 당연히 시력검사 결과도 1.0 이상의 만족스러운 수치가 나올 것이다. 그러나 초점이 필요 이상으로 눈 안쪽까지 들어가 버려, 가까운 곳을 볼 때 안정피로는 물론이고 근시 진행의 위험 또한 증가할 가능성이 있다.

이러한 상황을 알게 된 독자 여러분들 입장에서는 과교정 안경을 판매한 안경사나 처방전을 써준 의사가 원망스럽게 느껴질지도 모르겠다. 그러나 인터뷰에 응해 주었던 한 안경원 직원은 "도수를 약하게 넣어 제작하면 '기껏 돈 주고 맞췄는데 막상 써보니 멀리까지 잘 안 보인다'며 손님들이 불평을 한다"고 말했다.

결국 이것은 안경을 처방하고 판매하는 쪽만의 문제가 아니라, 어떻게 보이는 안경을 우리가 원하는가 하는 문제이기도 하다. 가지타 씨는 이에 대해 "안경을 처방하고 판매하는 사람도 반드시 신경 써야 하는 점들이 많지만, 안경을 구입하는 사람들의 의식이 변하지 않는 이상 절대로 해결되지 않을 문제"라고 말했다.

책의 서두에서 필자는 근시와 우리 눈에 대한 '새로운 상식'이라는 표현을 사용했다. 물론 연구로부터 밝혀진, 지금까지 아무도 알지 못했던 새로운 사실들도 다수 소개했다. 그러나 사실 가장 중요한 것은 '우리가 익히 알고 있었던 것에 대한 새로운 상식'이다.

그것은 다시금 우리의 일상을 되짚어보고, 내 눈이 어떤 식으로 보기를 원하는지 잠시 멈추어서 생각해 보는 작업이다. '잘 보이던 눈이 근시가 되었으면 어찌 되었든 멀리까지 다시 잘 보이게 도수가 강한 안경을 써야지' 하는 과거의 '낡은 상식'이 아니다. 지금 우리의 일상생활에 딱 맞는 새로운 상식을 내 것으로 받아들이는 것. 그것이 오늘날의 초 근시 시대에 우리의 눈을 지키기 위해 가장 필요한 핵심요소이며, 취재 중 각국의 전문가들로부터 배운 가장 중요한 메시지였다.

지금 바로 눈에 좋은 생활습관을 실천하라

우리는 평소 어떤 것이 '눈에 좋다'는 말을 들으면 뭔가 좋은 정보를 알아낸 듯한 기분이 든다. 그런데 막상 조금 자세히 알아보게 되면, 설명해 놓은 단어 하나하나가 어찌나 막연하고 광범위한지 모른다. 그리고는 이내 '눈에 진짜 좋은 건 그럼 뭐지?' 하고 다시 궁금해지는 것이다.

아침에 일어나서 잠자리에 들 때까지 – 실은 잠들어 있는 동안에도 – 빛을 감지해낸다는 우리의 눈은, 태어나서 죽을 때까지 한시도 쉬지 않고 우리 뇌에 정보를 전달한다 해도 과언이 아니다. 눈은 일상에서 없어서는 안 될 소중한 존재이다. 그런만큼 눈에 대한 정보에 관심을 가지는 이들이 많고, 그래서 더더욱 시중에 온갖 정보들이 넘쳐난다. 또한 저마다 각양각색의, 눈과 관련한 넓고도 깊은 수많은 고민들을 안고 살아가고 있다.

이번 취재를 통해 일부분이나마 '눈의 세계'를 들여다보게 되면서, 나의 일상에도 조금씩 변화가 찾아왔다. 재택근무 때 사용하는 책상의 방향을 창가 쪽으로 돌려서, 컴퓨터 화면에서 눈을 들면 바로 창문 밖이 보이도록 해두었다. 그리고 노트북을 사용할 때도 눈과 화면 사이에 더 많은 거리를 둘 수 있도록 노트북에 외부 모니터와 무선 키보드를 연결했다. 지하철을 타면 늘 스마트폰을 보던 습관이 있었는데, 스마트폰 화면과 눈 사이의 거리를 30센티미터 이상 띄우기가 생각보다 어렵다는 것을 깨닫고 난 뒤로는 지하철에서 스마트폰을 점점 보지 않게 되었다.

취재를 통해 얻은 정보를 접하며 '내 눈에 이로운 것'의 형태가 서서히 머릿속에서 구체화되었고, 근시와 안정피로라는 관점에서 내 나름의 '눈에 이로운 행동'을 실천할 수 있게 되었다. 매일의 습관을 바꾸기란 쉽지 않은 일이지만, 이 책을 읽는 분들에게도 나와 같은 변화가 일어나기를 바라는 마음으로 글을 썼다.

눈과 근시에 관한 연구는 실로 나날이 진보하고 있다. 이와 더불어 '눈에 이롭다'는 말의 의미 또한 나날이 바뀌고 있다. 여러분께 이 책의 다음 편을 전하는 날이 올 수 있도록, 앞으로도 최신 연구 정보들을 쫓아 취재를 이어가고 싶다.

집필에 큰 도움을 준 이들에게 감사의 말씀을 전하고 싶다. 조사에 참여해주었던 이시자키 슈야 어린이와 가족분들을 시작으로, 교토교육대학부속 교토초중학교 여러분, 고토 구립 모토카가초등학교 여러분, 그리고 취재에 응해 준 환자분들과 국내외 전문가 여러분께 감사를 표한다. 또한 출산을 앞둔 상태에서 취재, 데이터 분석, 인터뷰, 온라인 상담에 이르기까지 다방면으로 애써주신 도쿄의과치과대학의 이가라시 다에 씨께 깊은 감사를 드린다(출산을 진심으로 축하드립니다).

이 외에도 일본안과학회, 일본근시학회, 일본안과의회, 일본시능훈련사협회를 비롯한 학회 및 협회 여러분도 큰 도움을 주었다. TV로 방송되었던 우리 프로그램, 그리고 이 책은 이 모든 분들의 도움이 없었다면 세상에 나올 수 없었을 것이다. 코로나19 바이러스의 확산이 심각한 가운데에서도 적절한 방역 대응을 통해 모두 흔쾌히 취재에 협력해 주심에 깊이 감사드린다.

방송 제작 스태프들에게도 감사를 전한다. “근시가 뭔데? 어떻게 하면 되는데?” 했던 나의 너무나도 막연했던 의문을 더욱 발전시키고, 방송으로 내보낼 수 있는 수준으로까지 연출해 내고, 입수한 정보들을 자잘한 부분까지 세밀하게 가다듬고 정리해 주었다. 특히 나카이 아키히코 PD는 〈클로즈업 현대 플러스〉 방송 때부터 곁에서 함께 했고, 이 책의 내용 확인까지 도맡아주었다.

책을 출판할 수 있는 기회를 마련해 주신 NHK출판의 구라조노 씨와 야마키타 씨는 초보 작가인 내가 쉽게 이해할 수 있도록 친절하고도 중요한 조언들을 아낌없이 해주었다. 또한 방송 프로그램을 제작할 수 있도록 내게 강한 동기를 준 두 살짜리 우리 아들과 업무적인 부분뿐 아니라 이 책의 집필 과정에 있어서도 옆에서 늘 따뜻하게 지켜봐 준(그 와중에 아이도 살뜰히 보살펴 준) 나의 아내에게 깊이 감사드린다.

언젠가 책을 쓰고 싶었던 꿈이 드디어 이루어졌다. 도움을 주신 분들께 깊은 감사를 보낸다.

오이시 히로토

주

1장 당신이 몰랐던 눈에 대한 상식

1. 소비자청 '라식수술을 안이하게 받아들이지 말고, 위험에 대한 설명을 충분히 듣고 결정합시다!', http://www.kokusen.go.jp/pdf/n-20131204_1.pdf
2. 일본안과의회 홈페이지 '소아의 블루라이트 차단 안경 착용에 대한 신중 의견', http://www.gankaikai.or.jp/info/20210414_bluelight.pdf
3. S. Singh et al.: Do blue-blocking lenses reduce eye strain from extended screen time? A double-masked, randomized controlled trial. *American Journal of Ophthalmology*, 226: 243-251 (2021)
4. American Academy of Ophthalmology: No, Blue Light From Your Smartphone Is Not Blinding You, https://www.aao.org/eye-health/news/smartphone-blue-light-is-not-blinding-you

2장 내 아이의 눈에 무슨 일이 일어나고 있나

1. 미국의료기기·IVD공업회(AMDD), 〈COVID-19로 인한 아동의 디지털 기기 이용 변화에 관한 소비자 조사〉
2. X. He et al.: Axial length/corneal radius ratio: Association with refractive state and role on myopia detection combined

with visual acuity in Chinese schoolchildren. *PLoS One* 10(2) e0111766(2015), M. jong et al.: The relationship between progression in axial length/corneal radius of curvature ratio and spherical equivalent refractive error in myopia. *Optometry and Vision Science* 95(10): 921-929(2018). 안축장/각막 곡률 반경이 2.99를 초과할 경우 감도 83.05퍼센트, 특이점 81.91퍼센트로 근시 판정 가능.

3장 합병증에서 우울증까지, 근시는 왜 위험한가

1. 엄밀히 말하면, 녹내장에 걸린 환자 그룹에서는 걸리지 않은 그룹에 비해 '근시가 아닌 사람 수' 대비 '강도근시인 사람 수'가 많았다는 것이다. 여기에 제시된 교차비는 '위험도비'와는 다르다. 즉, 교차비가 3.3배라 해서 '강도근시인 사람은 근시가 아닌 사람에 비해 녹내장 발병 가능성이 3.3배 높다'고 말할 수는 없음에 주의할 필요가 있다. '위험비'라는 것은 예를 들어 ▶강도근시인 그룹에서 녹내장에 걸린 사람의 비율을 X, ▶근시가 아닌 그룹에서 녹내장에 걸린 사람의 비율을 Y로 하여 결과를 얻었을 때의 'X/Y'의 값을 말하는 것으로, 이 경우는 '강도근시인 사람은 근시가 아닌 사람에 비해 녹내장에 걸릴 가능성이 X/Y배 높다'고 말할 수 있다.
2. D.I. Flitcroft: The complex interactions of retinal, optical and environmental factors in myopia aetiology. *Progress in Retinal*

and *Eye Research* 31(6): 622-660

3. M. Mine et al.: Association of visual acuity and cognitive impairment in older individuals: Fujiwara-kyo eye study. *Bio-Research Open Access* 5(1): 228-234 (2016)
4. T. Yokoi et al.: Predictive factors for comorbid psychiatric disorders and their impact on vision-related quality of life in patients with high myopia. *International Ophthalmology*: 34(2): 171-183 (2014)
5. 일본안과의회 연구반 보고 2006~2008: 일본의 시각장애에 따른 사회적 비용, 〈일본의 안과〉 80권 6호 부록 (2009)
6. B. L. Brody et al.: Depression, visual acuity, comorbidity, and disability associated with age-related macular degeneration. *Ophthalmology* 108(10): 1900-1910 (2001)

4장 내 아이를 위한 눈 생활습관

1. M. Y. Yen et al.: Comparison of the effect of atropine and cyclopentolate on myopia. *Annals of Ophthalmology* 21(5): 180-182, 187 (1989)
2. A. Chia et al.: Five-year clinical trial on atropine for the treatment of myopia 2: Myopia control with atropine 0.01% eyedrops. *Ophthalmology* 123: 391-399 (2016)

3. O. Hieda et al.: Efficacy and safety of 0.01% atropine for prevention of childhood myopia in a 2-year randomized placebo-controlled study. *Japanese Journal of Ophthalmology* 65(3): 315-325 (2021)
4. S. M. Li et al.: Efficacy, safety and acceptability of orthokeratology on slowing axial elongation in myopic children by meta-analysis. *Current Eye Research* 41(5): 600-608 (2016)
5. 예를 들어, T. Kakita et al.: Influence of overnight orthokeratology on axial length elongation in childhood myopia. *Inverstigative Ophthamology & Visual Science* 52(5): 2170-2174 (2011)에서는 36퍼센트, J. Charm et al.: high myopia-partial reduction ortho-k : A 2-year randomized study. *Optometry and vision Science* 90(6): 530-539 (2013)에서는 63퍼센트의 안축장 신장 억제효과가 보고되어 있다.
6. C. S. Lam et al.: Defocus incorporated multiple segments (DIMS) spectacle lenses slow myopia progression: A 2-year randomised clinical trial. *British Journal of Ophthalmology* 104(3): 363-368 (2020)
7. A. R. Pomeda et al.: MiSight assessment study Spain (MASS). A 2-year randomized clinical trial. *Graefe's Archive for Clinical and Experimental Ophthalmology* 256: 1011-1021 (2018)

8. K. A. Rose et al.: Outdoor activity reduces the prevalence of myopia in children. *Ophthalmology* 115(8): 1279-1285 (2008)
9. A. N. French et al.: Risk factors for incident myopia in Australian schoolchildren : the Sydney adolescent vascular and eye study. *Ophthalmology* 120(10): 2100-2108 (2013)
10. L. A. Jones et al.: Parental history of myopia, sports and outdoor activities, and future myopia. *Investigative Ophthalmology & Visual Science* 48(8): 3524-3532 (2007)
11. R. Ashby et al.: The effect of ambient illuminance on the development of deprivation myopia in chicks. *Investigative Ophthalmology & Visual Science* 50(11): 5348-5354 (2009)
12. P. C. Wu et al.: Myopia prevention and outdoor light intensity in a school-based cluster randomized trial. *Ophthalmology* 125(8): 1239-1250 (2018)
13. 〈인민망人民網 일본어판〉 2021년 3월 11일
14. J. M. Ip et al.: role of near work in myopia: findings in a sample of australian school children, *Investigative Ophthalmology & Visual Science* 49(7): 2903-2910 (2008)
15. 일본안과의회, 〈근시는 몇 살까지 진행될까?〉, https://www.gankaikai.or.jp/health/39/07.html

5장 과교정이 아이의 근시를 악화시킨다

1. 《안경DB(데이터베이스) 2016》, 안경광학출판, 2016
2. 일본안과의회 〈아동 IT 안질환 4 : 아이들에게 미칠 영향에 대한 우려〉, https://www.gankaikai.or.jp/health/36/04.html
3. 국립성육의료연구센터 〈코로나×아동·청소년 제1회 설문조사 보고서〉 (수정 2021년 4월 5일판), https://www.ncchd.go.jp/center/activity/covid19_kodomo/report/CxC1_finalrepo_20210306revised.pdf
4. 미야우라 외 '시력검사 권장 대상자의 굴절 등에 관한 조사', 〈일본의 안과〉 91권 6호: (2020)
5. 일본안과학회의 전문의 검색 사이트 https://www.nichigan.or.jp/public/senmonlist/
6. 국세청 '의사에게 치료받기 위해 직접적으로 필요한 안경 구입 비용', https://www.nta.go.jp/law/shitsugi/shotoku/05/53.htm

참고문헌과 방송 프로그램

참고문헌

1. 일본근시학회 · 일본소아안과학회 · 일본시능훈련사협회 편저, 《소아의 근시: 진단과 치료》, 미와쇼텐, 2019
2. 가지타 마사요시, 《내 삶을 바꾸는 안경 고르기: 안경 선택의 신 상식》, 겐토샤 미디어 컨설팅, 2014
3. 도코로 다카시 · 오노 교코 편저, 《근시: 기초와 임상》, 가네하라출판, 2012
4. 도코로 다카시, 《굴절이상과 그 교정 (개정 제7판)》, 가네하라출판, 2019
5. 쓰보타 가즈오 편저, 《진료 때 도움된다! 근시 진행 예방 사이언스》, 가네하라출판, 2019
6. 쓰시마 에이키 편저, 《의료통계분석 완전정복 실천 가이드: 실수 없는 임상연구를 위한 Q&A》, 요도샤, 2020

방송 프로그램

1. NHK스페셜 〈우리의 눈이 위험하다: 초 근시 시대 서바이벌〉 (2021년 1월 24일 방송)
2. 클로즈업현대 플러스 〈근시의 상식이 바뀐다!〉 (2019년 11월 7일 방송)
3. 아사이치 〈우리의 눈이 위험하다! 오늘부터 할 수 있는 대책편〉 (2021년 3월 4일 방송)
4. 갓텐! 〈당신의 눈에 베스트 매치! '행복 안경' SP〉 (2018년 2월 28일 방송)

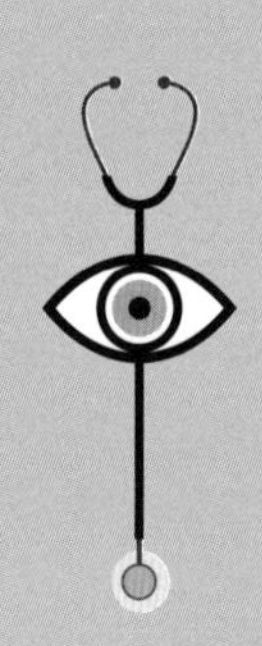

NHK스페셜 화제의 다큐멘터리

내 아이의 눈이 위험하다

초판 1쇄 인쇄 | 2022년 2월 15일
초판 1쇄 발행 | 2022년 2월 23일

지은이 | 오이시 히로토, NHK스페셜 취재팀
옮긴이 | 장수현
펴낸이 | 전준석
펴낸곳 | 시크릿하우스
주소 | 서울특별시 마포구 독막로3길 51, 402호
대표전화 | 02-6339-0117
팩스 | 02-304-9122
이메일 | secret@jstone.biz
블로그 | blog.naver.com/jstone2018
페이스북 | @secrethouse2018
인스타그램 | @secrethouse_book
출판등록 | 2018년 10월 1일 제2019-000001호

ISBN 979-11-90259-99-6 03590